圓滾滾
3D立體餅乾

mocha mocha

前言

謝謝你發現了這本書。

大家好，我是 mocha mocha。
我平日裡的工作，就是思考如何做出可愛的甜點、
拍成影片上傳到 YouTube，還有畫一些可愛的插圖。

我最常做的可愛甜點，
發想靈感是來自於義大利傳統點心「Baci di dama」，
直譯為「貴婦之吻」，一種長得像雪人般的圓球餅乾。
第一次見到這種點心時，我腦中立刻浮現：
這個餅乾如果加上手腳就變成熊了！
於是為了重現腦海中的畫面，我反覆嘗試了好幾次之後的結果，
就是這本書中的動物雪球餅乾。

書中還有很多其他可愛造型的餅乾、簡單就能做出來的甜點，
我像是從玩具箱中不斷挖出自己的寶物般，
迫不及待想將它們全部介紹給你。

這些甜點幾乎不需要什麼技術，也沒用到特別的工具，
做好後，簡單用透明袋子裝起來就可愛無比，非常適合送禮。

無論是一邊聽著喜歡的音樂一邊做甜點，
或是自己在摸索中反覆調整配方或作法的過程，
還是把甜點送給重要的人、看對方吃得很開心的樣子，
這些，全部都讓我感到非常喜悅。

真心希望這本書也能療癒你的內心。

mocha mocha

Part 1

Snowball Cookies

圓滾滾雪球餅乾

8　可愛動物雪球餅乾　作法 ▶ p.16

10　香噴噴麵包雪球餅乾　作法 ▶ p.20

12　繽紛甜甜圈雪球餅乾　作法 ▶ p.26

13　多層次漢堡雪球餅乾　作法 ▶ p.28

14　巧克力浴迷你塔　作法 ▶ p.30

Part 2

Squeezed Icebox Sand Cookies

擠花餅乾・冰盒餅乾・夾心餅乾

34　各式各樣的擠花餅乾　作法 ▶ p.40

36　表情多變的動物冰盒餅乾　作法 ▶ p.45

38　情書 ♡ 夾心餅乾　作法 ▶ p.48

39　小花・愛心・圓形冰盒餅乾　作法 ▶ p.50

圓滾滾3D立體餅乾
CONTENTS

Part 3

Seasonal Cookies

一起歡樂過節的
餅乾小夥伴

- 56 萬聖節餅乾與幽靈棉花糖 〔作法 ▶ p.62〕
- 58 呆萌雪人餅乾 〔作法 ▶ p.65〕
- 59 叮叮噹聖誕擠花餅乾 〔作法 ▶ p.66〕
- 60 童話餅乾糖果屋 〔作法 ▶ p.68〕

Part 4

Baked Sweets

好想做做看！
超簡單的烘焙蛋糕

- 75 櫻桃磅蛋糕 〔作法 ▶ p.82〕
- 76 乳酪蛋糕條 〔作法 ▶ p.84〕
- 77 布朗尼蛋糕條 〔作法 ▶ p.85〕
- 78 英式維多利亞蛋糕 〔作法 ▶ p.86〕
- 80 奶油狗狗杯子蛋糕 〔作法 ▶ p.87〕

| **Column 1** | 療癒時間！夢幻咖啡廳 Menu | 52 |
| **Column 2** | 包裝成可愛度滿分的小禮物 | 72 |

先知道準沒錯！甜點製作的基礎

- 製作甜點的基本材料 ········ 90
- 製作甜點的基本工具 ········ 92
- 本書使用的甜點用語 ········ 94

本書的使用方法

● 材料表上標示的成品大小和數量僅供參考。最後完成的大小和數量，會因為每個人的手不一樣而有所差異。尤其是 p.8 的動物雪球餅乾，包含使用的顏色不同，也有可能改變能夠製作的數量。

● 本書中使用的是電烤箱。如果家中的是水波爐或其他烘焙器材，請參考各廠牌的使用說明書自行調整。

● 烘烤時間僅供參考。由於每台烤箱略有差異，即使以相同溫度、相同時間烘烤，烤好後的狀態也不盡相同。請在烘烤途中視情況調整，例如：增減烘烤時間、在快焦掉時蓋一層鋁箔紙、烤色不均時將烤盤取出掉頭再繼續烘烤。

● 本書使用到的餅乾麵團共有四種（如下述）。每一種都有提供圖文的步驟解說，如果欲製作的餅乾食譜沒有照片，可以先參閱對應的麵團製作頁面。

雪球餅乾 ▶ 請從 p.16 開始看！
加入糖粉和杏仁粉，做出表面光亮、口感滑順的麵團，用手就可以搓揉成型。

只要測量好雪球餅乾麵團的分量後，搓揉成圓形，就可以自行做出喜歡的大小。

擠花餅乾 ▶ 請從 p.40 開始看！
加入蛋白，做出能夠擠出漂亮形狀的軟質麵團。

冰盒餅乾 ▶ 請從 p.45 開始看！
將加入蛋黃的麵團冷凍後，切片就可以送入烤箱。

夾心餅乾＆點心屋 ▶ 請從 p.48 開始看！
使用全蛋液製作的麵團，和一般壓模餅乾的麵團相同，所以也可以用現有的模具做造型喔！

Part 1

Snowball Cookies

圓滾滾雪球餅乾

雪球餅乾的麵團,是用好吃的杏仁粉做出來的。
不需要模具,像在捏黏土般把麵團搓成圓圓的形狀。
揉一揉、捏一捏的過程好玩又有趣,
而且成品實在太可愛了,怎麼捨得咬下去!

animal cookies

可愛動物雪球餅乾

大字型、趴地型、
側臥熟睡型、坐姿型……
有小狗、有貓咪、還有熊熊！
每一隻都長得如此可愛～

作法 ▶ p.16

bread cookies

香噴噴麵包雪球餅乾

超級好吃的烤色！
光看就讓人充滿了期待感。
螃蟹麵包、熊熊麵包、
章魚麵包、鴨鴨麵包、甚至連
背著菠蘿麵包的小烏龜都來了。
還有經典的法國長棍麵包、
可頌和紅豆麵包喔！

作法 ▶ p.20

doughnuts cookies

繽紛甜甜圈 雪球餅乾

一大堆扭蛋模型般的迷你甜甜圈！
除了圓圈，還有愛心跟小熊造型，
而且有各式各樣的口味哦～
快來做一個喜歡的甜甜圈吧！

作法 ▶ p.26

hamburger cookies

多層次漢堡雪球餅乾

「歡迎光臨,這裡是漢堡店。」
一起來用餅乾做出澎澎的漢堡麵包,
再用甘納許做出可口誘人的
起司片、番茄與生菜!

作法 ▶ p.28

chocolate bath tart

巧克力浴 迷你塔

泡一下舒服的巧克力浴，
施展變好吃的魔法～
正在泡湯的可愛小動物們，
是用雪球餅乾做成的喔！

作法 ▶ p.30

可愛動物
雪球餅乾 的製作方法 p.8-9

使用原味、可可粉、黑可可粉三種顏色的麵團，
做出自己喜歡的動物、姿勢和配色。
剩餘的麵團邊角也搓成圓形一起烤成餅乾吧！

材料 （約3.5cm大・15個）

無鹽奶油 … 45g	※放置室溫軟化
糖粉 … 30g	
烘焙用杏仁粉 … 15g	
牛奶 … 11g	
低筋麵粉 … 75g	
可可粉 … 1g	
黑可可粉 … 1g	
黑可可粉、水 … 各少許	

▶ 不同種類＆顏色的小動物

熊熊　　小狗　　貓咪

▶ 小動物的各種姿勢

仰躺大字型　　坐姿型　　趴地型　　側臥熟睡型

1 / 製作麵團

像用直切的方式攪拌。

1

在調理盆中先放入無鹽奶油和糖粉，用打蛋器拌勻。

2

接著放入杏仁粉、牛奶，用打蛋器拌勻。

3

再放入過篩的低筋麵粉，用刮刀拌至沒有粉末顆粒感。

2 / 麵團調色

冷藏 30 分鐘

可可粉
黑可可粉
原味

黑可可粉也要喔！

將麵團分出各 35g 的小麵團兩個，分別加入 1g 可可粉和黑可可粉，混勻（照片是混好可可粉後的樣子）。

麵團用保鮮膜包起來後，冷藏 30 分鐘降溫。

3 / 捏出形狀

塑形的方法請參考 p.18-19，按照自己喜歡的顏色與形狀去組合就可以囉！

約 1.8 公分 ─ 頭 5g
約 1.2 公分 ─ 身體 2g
（實際大小）

從麵團中取出要做成動物餅乾的頭 5g、身體 2g，搓揉成圓形。接著參考 p.18-19，做出動物的模樣。

4 / 入爐烘烤

烤到 15 分鐘後，確認一下有沒有燒焦喔！

放入預熱至 160℃ 的烤箱中，烘烤 18-25 分鐘即可。

5 / 畫出表情

餅乾出爐放涼後，將黑可可粉加水拌勻（參考右表），再用竹籤沾取，畫出眼睛與鼻子。

※以可可麵團做出的動物，改用融化白巧克（材料分量外）畫表情。

畫表情的方法

▶ 表情範例

慵懶　　興奮

嚇傻　　昏倒

在黑可可粉中加少許水，混勻到沒有液態感、用竹籤沾取時只會薄薄殘留在上面的程度，即可在動物臉上畫出想要的表情。

立體造型的作法

在烤盤上鋪烘焙紙後，直接在上面塑形。先將要做成動物餅乾的麵團分成頭 5g、身體 2g，還有少許耳朵、鼻子用的麵團，並分別搓成圓形。再用各個麵團拼出動物的形狀後，輕輕按壓黏合即完成。請參考 p.8-9 的照片，自由地將三種顏色的麵團做出頭、身體、耳朵、尾巴等，變成可愛的動物模樣吧！

（實際大小）
約 1.8 公分　頭 5g
約 1.2 公分　身體 2g

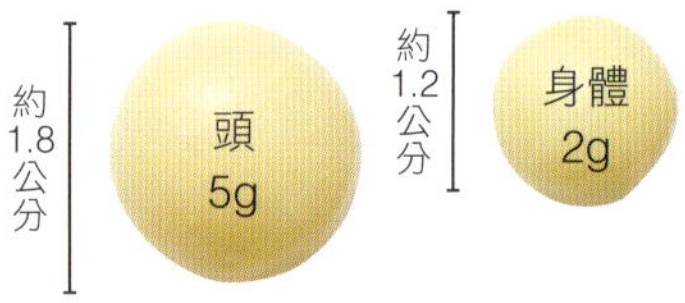

仰躺大字型

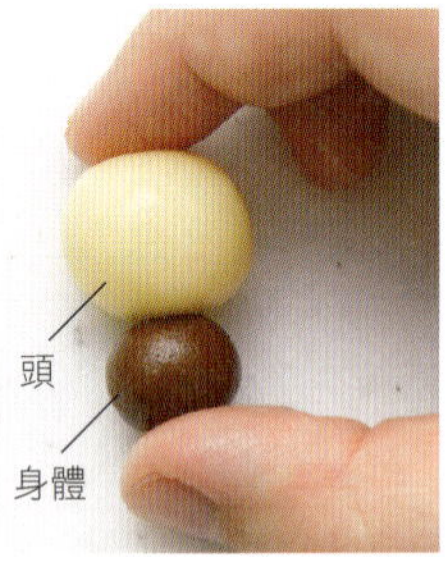

把兩個麵團黏在一起後，輕輕壓一下喔！

1 先做出頭和身體。（頭、身體）

2 將麵團搓成四個小圓球，黏到身體上當成手腳。

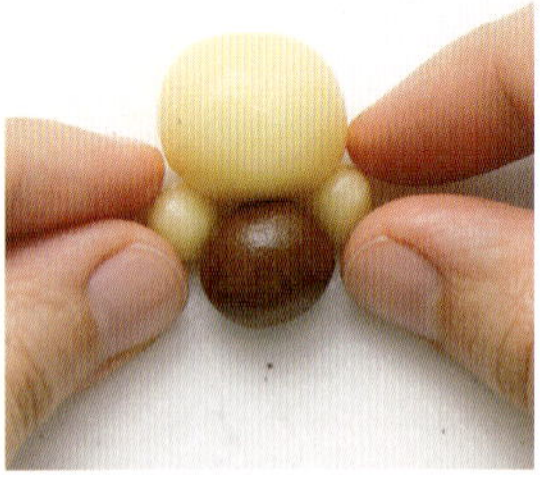

3 做出兩個小三角形耳朵、兩個小圓鼻子，分別黏到頭上與臉上。（耳朵、鼻子）

坐姿型

如果沒有把頭放在正中間，烤完可能會掉下來哦！

1  將身體的麵團正中間稍微壓出一個平坦的凹洞。

2  放上頭部的麵團，並輕輕壓緊。（頭）

3  搓出四個小小的圓球當作手腳，黏到身體正面。（手腳）

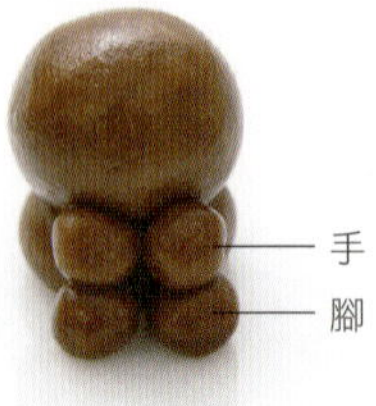

4  捏出耳朵、鼻子後，分別黏到頭上和臉上。（耳朵、鼻子）

5  再搓一個小小的圓球當尾巴，黏到身體背後。

趴地型

1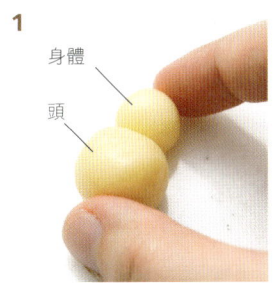
將頭和身體黏在一起。

2
搓四個小圓球當成手腳，黏到身體上。

3
再搓一個更小的圓球當尾巴，黏在兩腳之間。

4
捏出水滴形狀的耳朵。

5
將耳朵黏到頭上後，在臉上貼鼻子。

可以用不同顏色做出花紋！

側臥熟睡型

1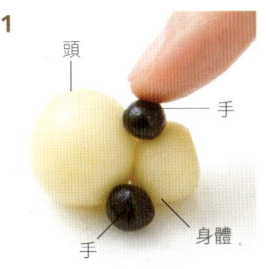
把頭和身體黏在一起後，捏出兩個小小的橢圓當手，黏到頭和身體之間。

2
再捏兩個更小的橢圓當腳，並排黏到身體下方。

3
捏出圓尾巴黏到身體背後，再捏出水滴形耳朵、圓鼻子，分別黏到頭上和臉上。

香噴噴麵包雪球餅乾 的製作方法 p.10-11

想要呈現美味麵包的金黃烤色，
烤到一半塗蛋黃液是最大重點！

材料 （約 3cm 大・20 個）

無鹽奶油 … 30g　※放置室溫軟化

糖粉 … 20g

烘焙用杏仁粉 … 10g

牛奶 … 7g

低筋麵粉 … 50g

蛋黃 … 1 顆
※分開蛋黃和蛋白的方法請參考 p.40

糖粉、砂糖、黑芝麻、喜歡的果醬、
　黑可可粉、水 … 各少許

作法

1　調理盆中放入無鹽奶油和糖粉，用打蛋器攪拌均勻。

2　接著加入杏仁粉和牛奶，再次用打蛋器拌勻。

3　加入過篩的低筋麵粉，用刮刀拌勻至沒有粉末顆粒感。

4　蓋上保鮮膜，冷藏約 30 分鐘降溫。

5　將麵團做出各種餅乾的造型。※請參考 p.21-25

6　放入預熱至 160℃ 的烤箱中，烤 10 分鐘。

7　取出冷卻後，用刷子在表面刷上蛋黃液。

餅乾麵團的作法和
「動物雪球餅乾」相同，
請參考 p.16-17。

8　再次放入 160℃ 的烤箱中，烤 10-15 分鐘，出爐後放涼。

9　將黑可可粉加少許水拌勻，以竹籤沾取後畫出動物的表情（表情的畫法請參考 p.17）。白麵包可以撒糖粉，或是用喜歡的果醬裝飾。

| 立體造型的作法 | 直接將麵團放在鋪有烘焙紙的烤盤上塑形。各個麵團結合後稍微輕壓一下，讓彼此黏更緊。 | （實際大小）約1.8公分 |

5g

章魚麵包

1

取 5g 麵團搓成圓球後稍微壓扁，當作章魚頭。

2

腳

捏三個小圓麵團，黏到頭的下方當腳。

3

嘴巴

再捏一個更小的圓球黏到頭上，用竹籤戳一個洞，做出章魚嘴。

站立的章魚麵包

1

捏五個小圓麵團當腳，先排排站好。

2

再取 5g 麵團搓成圓球，當作頭，黏到腳的上方。

3

接著跟製作章魚麵包一樣，用小圓麵團和竹籤做出嘴巴。

螃蟹麵包

1

取 5g 麵團搓成橢圓形，稍微壓扁。

2

蟹螯

捏四個小圓麵團當作蟹腳，再捏兩個略大的圓當蟹螯，組裝到身體上。

3

用竹籤在蟹螯麵團上割出切痕。

21

熊熊麵包

1

取 5g 麵團搓成圓後，稍微壓扁。

2

捏兩個小小的半圓形，黏在耳朵的位置。

3

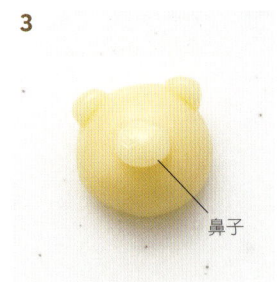

再捏一個小圓球略壓扁，黏上去當鼻子。

貓咪麵包、狗狗麵包、無尾熊麵包、兔子麵包、全身兔子麵包

> 基本作法和「熊熊麵包」一樣，只要做出耳朵、鼻子等各自的動物特徵就可以了！

貓咪麵包

用麵團做出尖尖的小三角形當耳朵，再捏兩個小圓球當成鼻子。

兔子麵包

 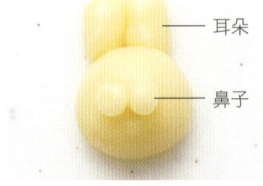

臉稍微捏成長橢圓形，將兩個小圓球搓成稍微細長的模樣當耳朵，再用兩個小圓球做出鼻子。

狗狗麵包

捏兩個小水滴形狀的耳朵後，再捏一個小圓球當成鼻子。

全身兔子麵包

臉的作法和兔子麵包一樣，身體用 2g 麵團搓成橢圓形，再裝上小小的圓形手腳。

無尾熊麵包

 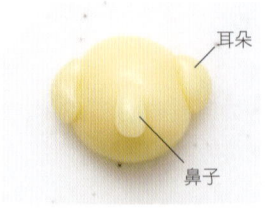

無尾熊的耳朵會比熊熊略大一點，鼻子是微微的橢圓形。

小魚麵包

1

取 5g 麵團搓圓，再稍微壓扁。

2

捏兩個小小的圓球壓扁，做成魚的背鰭和腹鰭。

3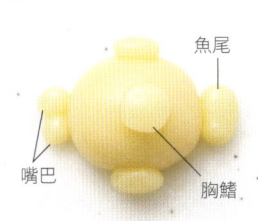

搓兩個小圓球當嘴巴，再搓兩個略大的圓球當作胸鰭和魚尾。

小鴨麵包

1

將 5g 麵團分兩半，一半搓圓略壓扁當頭，另一半做成微微橢圓形的身體。

2

搓兩個小圓球當嘴巴，再用手輕捏身體後端，做出尖尖的尾巴。

3

搓一個小圓球略壓扁後，黏到身體上當翅膀。

香蕉麵包

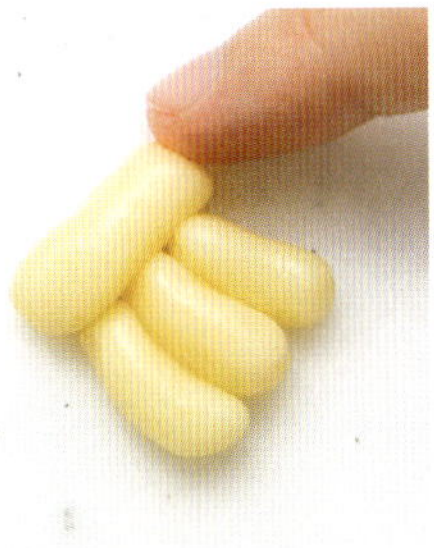

將 5g 麵團分成四等分，搓圓後再搓細長，黏成一串香蕉狀。

葡萄麵包

將 5g 麵團分成七等分，分別搓成一個長條、六個圓，黏成葡萄串的樣子。

23

法國麵包

將 5g 麵團搓成細長形,再用刀子割 5-6 道切痕。

紅豆麵包

將 5g 麵團搓圓,稍微壓扁後,撒一點黑芝麻。

白麵包

1
2
3

取 5g 麵團搓成橢圓形,稍微壓扁。

再用刀子在麵團表面割 2 道切痕。

烤的時候不塗蛋黃,烤完再撒糖粉裝飾。

果醬麵包

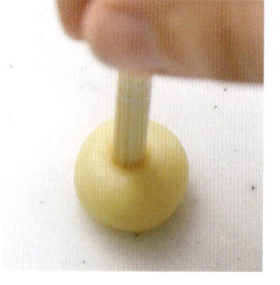

取 5g 麵團搓成圓,用筷子在正中間戳一個凹洞。

凹洞不要穿破麵團喔!

烤好後再填入喜歡的果醬～

可頌

將 5g 麵團壓平,切出一個等腰三角形後,從底邊往頂點捲起來。

菠蘿麵包

1
取 5g 麵團搓圓後，沾裹砂糖。

2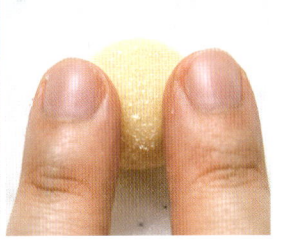
用刀子在表面割出格紋。

不要塗蛋黃喔！

烏龜菠蘿麵包

1
取 5g 麵團，將其中 3g 做成菠蘿麵包。

2
剩下的 2g 麵團搓成一大五小的圓球，分別做成頭、手腳和尾巴。

尾巴　腳　手　頭

3
烤到一半時，只在菠蘿麵包以外的地方塗蛋黃。

動物麵包

和「動物雪球餅乾」的作法一樣，但要在烘烤途中塗上蛋黃。

請參考 p.18-19，做出和「動物雪球餅乾」的仰躺大字型、坐姿型、趴地型、側臥熟睡型一樣的形狀吧！

25

繽紛甜甜圈雪球餅乾 的製作方法　p.12

甜甜圈雪球餅乾和「麵包雪球餅乾（p.20）」一樣，
烘烤到一半時要刷上蛋黃液，才會形成漂亮的烤色。
裝飾食材依照自己的喜好選擇即可。

> 餅乾麵團的作法和
> 「動物雪球餅乾」相同，
> 請參考 p.16-17。

材料 （約 2.5cm 大・20 個）

無鹽奶油 … 30g　※放置室溫軟化

糖粉 … 20g

烘焙用杏仁粉 … 10g

牛奶 … 7g

低筋麵粉 … 50g

可可粉 … 1g

蛋黃 … 1 顆
※分開蛋黃和蛋白的方法請參考 p.40

巧克力、白巧克力 … 各 1 片

紅色食用色素 … 少許
※製作粉紅色甜甜圈時使用

椰子絲、巧克力米、黑色餅乾（oreo等）、
　巧克力筆、黑可可粉、水 … 各少許
※裝飾食材依喜好挑選即可

作法

1. 調理盆中放入無鹽奶油和糖粉，用打蛋器攪拌均勻。

2. 接著加入杏仁粉和牛奶，再次用打蛋器拌勻。

3. 加入過篩的低筋麵粉，用刮刀拌勻至沒有粉末顆粒感。

4. 將麵團分成兩等分，其中一半加入可可粉拌勻。做出原味和巧克力口味兩種。

5. 分別蓋上保鮮膜，冷藏約 30 分鐘降溫。

6. 取出後，將麵團做出造型。※請參考下方作法。

7. 放入預熱至 160℃ 的烤箱中，烘烤約 10 分鐘後取出。

8. 冷卻後將表面刷上蛋黃液，再次放入 160℃ 的烤箱，烤 10-15 分鐘。

> 刷蛋黃液的方法
> 和「麵包雪球餅乾」相同，請看
> p.20 喔！

9. 依照喜好擺放甜甜圈上的裝飾食材即完成。

不同造型的作法

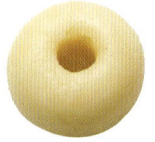

基本款甜甜圈

1 取 5g 的麵團，搓成圓形。

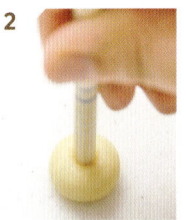

2 將麵團放到鋪烘焙紙的烤盤上，用筷子粗的那一端，在麵團正中間戳一個洞。

3 戳好洞的甜甜圈。孔洞沒有完全貫穿也 OK。

愛心甜甜圈

將 5g 的麵團搓圓後，用竹籤將上端壓出一道切痕做成愛心，再稍微壓扁。

熊熊甜甜圈

將 5g 的麵團搓圓後，放到鋪烘焙紙的烤盤上，再搓兩個小圓做成耳朵貼上。

裝飾方法

1

將巧克力、白巧克力切碎，分別放入耐熱容器中，不封保鮮膜直接以 600W 微波加熱 30 秒融化。以湯匙攪拌，讓整體均勻融化。

> 取出少許白巧克力，加一點點紅色色素混勻，便能做成粉紅色巧克力。

2

將甜甜圈餅乾的其中一面沾裹融化的巧克力，也可以只沾一半。

3

如果巧克力蓋住了甜甜圈中間的孔，用竹籤稍微戳開。

4

依喜好撒上各種裝飾食材即可。

客製化的甜甜圈裝飾

1　原味愛心甜甜圈＆巧克力淋面＆椰子絲
2・14　巧克力甜甜圈＆白巧克力淋面＆彩色巧克力米
3　原味甜甜圈＆白巧克力淋面＆oreo 餅乾碎
4　巧克力甜甜圈＆巧克力淋面＆oreo 餅乾碎
5　原味甜甜圈＆巧克力半淋面
6・18　巧克力甜甜圈＆彩色巧克力米
7　原味甜甜圈＆粉紅巧克力淋面＆oreo 餅乾碎＆椰子絲
8　巧克力愛心甜甜圈＆白巧克力淋面＆oreo 餅乾碎
9　巧克力甜甜圈＆白巧克力半淋面
10　原味甜甜圈＆巧克力淋面
11　原味甜甜圈＆巧克力淋面＆彩色巧克力米
12　原味甜甜圈＆白巧克力淋面＆巧克力線條（用巧克力筆畫線）
13　原味甜甜圈＆粉紅巧克力淋面＆oreo 餅乾碎
15　巧克力甜甜圈＆巧克力淋面
16　巧克力熊熊甜甜圈＆白巧克力淋面（用竹籤沾巧克力畫表情）
17　原味熊熊甜甜圈＆巧克力淋面（用竹籤沾白巧克力畫表情）
19　原味甜甜圈＆巧克力淋面＆椰子絲
20　巧克力甜甜圈＆巧克力半淋面＆oreo 餅乾碎

多層次漢堡雪球餅乾 的製作方法 p.13

將餅乾做成漢堡麵包和漢堡肉,再夾入用甘納許做成的
生菜、番茄、起司,組裝成可愛又立體的漢堡包!

> 餅乾麵團的作法和
> 「動物雪球餅乾」相同,
> 請參考 p.16-17。

材料 (高約 3cm・15 個)

▼漢堡麵包和漢堡肉餅乾

無鹽奶油 … 30g　※放置室溫軟化

糖粉 … 20g

烘焙用杏仁粉 … 10g

牛奶 … 7g

低筋麵粉 … 50g

可可粉 … 1g

白芝麻 … 少許

蛋黃 … 1 顆

黑可可粉、水 … 各少許

▼生菜、番茄、起司甘納許(容易製作的量)

白巧克力 … 1 片

鮮奶油 … 20g　※恢復常溫狀態

食用色素(紅、黃、綠)… 各少許

餅乾作法

1. 調理盆中放入無鹽奶油和糖粉,用打蛋器攪拌均勻。

2. 再放入杏仁粉和牛奶,用打蛋器拌勻。

3. 接著放入過篩的低筋麵粉,用刮刀攪拌均勻至沒有粉末顆粒感。

4. 從麵團中取出 30g,加入可可粉拌勻。

5. 把兩種顏色的麵團蓋上保鮮膜,冷藏約 30 分鐘降溫。

6. 取出後將麵團做出造型。首先製作漢堡肉,取 2g 可可麵團搓圓,放在鋪有烘焙紙的烤盤上稍微壓平,用手指輕壓正中間。

7. 接著製作漢堡麵包,取 3g 原味麵團搓圓,放在鋪有烘焙紙的烤盤上稍微壓平,再撒少許白芝麻,以不會破壞形狀的力道輕壓。

> 如果想要做動物形狀的漢堡麵包,可以取少許麵團搓成耳朵或鼻子貼上。

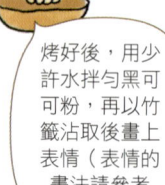

8. 放入預熱至 160℃ 的烤箱中,烘烤約 10 分鐘。冷卻後在漢堡麵包表面刷一層蛋黃液,再次放入 160℃ 的烤箱烤 10-15 分鐘。

> 烤好後,用少許水拌勻黑可可粉,再以竹籤沾取後畫上表情(表情的畫法請參考 p.17)。

▶用餅乾做出

漢堡麵包蓋　　熊熊漢堡麵包蓋　　漢堡肉
(上層)　　　　(上層)

漢堡麵包底　　漢堡麵包底
(下層)　　　　(下層)

▶用甘納許做出

生菜　　起司

番茄

番茄
生菜
起司

28

甘納許作法

1. 將白巧克力切碎放入耐熱容器中，不蓋保鮮膜直接以 600W 微波加熱 30 秒，再以湯匙攪拌，讓整體均勻融化。

2. 接著加入鮮奶油，拌勻成甘納許。

3. 分裝到不同容器後，各加入紅、黃、綠色的食用色素調色。

4. 分別做好三種顏色的甘納許，即可開始組裝漢堡包。

組裝漢堡包

1. 先取漢堡麵包底，放入調好顏色的甘納許。

大約這樣的量即可，以免疊上漢堡肉後擠出麵包外。

2. 接著放上漢堡肉餅乾，冷藏 5 分鐘使其降溫、凝固。

3. 在漢堡麵包蓋上面放入另一顏色的甘納許，再蓋到步驟 **2** 上。

4. 冷藏 5 分鐘至凝固即完成。

巧克力浴
迷你塔 的製作方法 p.14-15

用市售的迷你塔皮擠入生巧克力，
就可以讓圓滾滾的動物雪球餅乾浮起來～

動物餅乾的材料　（9隻動物）

無鹽奶油… 15g　※放置室溫軟化

糖粉 … 12g

烘焙用杏仁粉 … 5g

牛奶 … 4g

低筋麵粉 … 25g

可可粉、黑可可粉、紅色食用色素
　… 各少許

生巧克力塔的材料　（約直徑4cm・9個）

巧克力 … 50g
※若要做白巧克力塔，則準備白巧克力 50g＋紅色食用色素少許

鮮奶油 … 50g　※恢復常溫狀態

迷你塔皮（市售品）… 9個

黑可可粉、水 … 各少許

動物餅乾的作法

> 餅乾麵團的作法和「動物雪球餅乾」相同，請參考 p.16-17。

1. 調理盆中放入無鹽奶油和糖粉，用打蛋器攪拌均勻。

2. 加入杏仁粉和牛奶，再次用打蛋器拌勻。

3. 接著加入過篩的低筋麵粉，用刮刀拌勻至沒有粉末顆粒感。

> 如果要做出不同顏色，可以在麵團中加入少許可可粉來調整。

4. 將麵團蓋上保鮮膜，冷藏約30分鐘降溫。

5. 取出後，將麵團做出造型。※請參考 p.31 作法。

6. 放在鋪好烘焙紙的烤盤上，送進預熱至 160℃ 的烤箱中，烘烤 18-25 分鐘。

動物餅乾的造型

身體的塑形方法

手和腳
這樣小小的！

1. 取 5g 麵團搓圓當頭，再取少許麵團捏成耳朵和鼻子，裝到頭上（頭部的製作方法請參考 p.18-19）。總共要做 9 隻動物。
2. 搓出 36 個小圓球，準備當手和腳。
3. 將兩個小圓球黏在頭下當手，腳一起入爐烘烤即可。

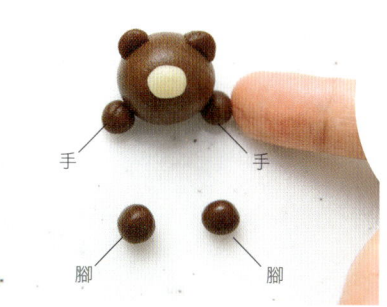

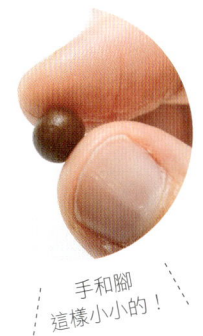

裝飾方法（蝴蝶結、愛心）

1

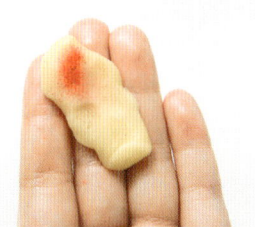

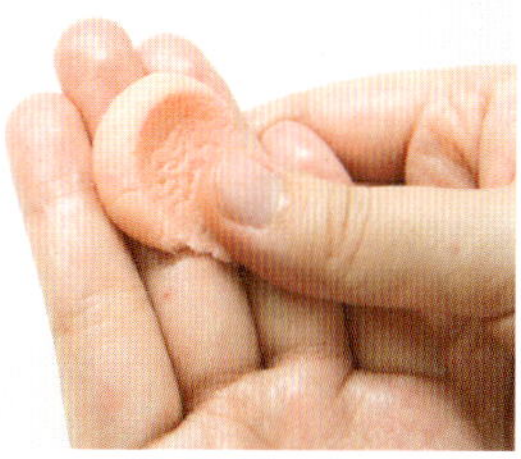

在麵團中揉入少許的紅色食用色素。

2

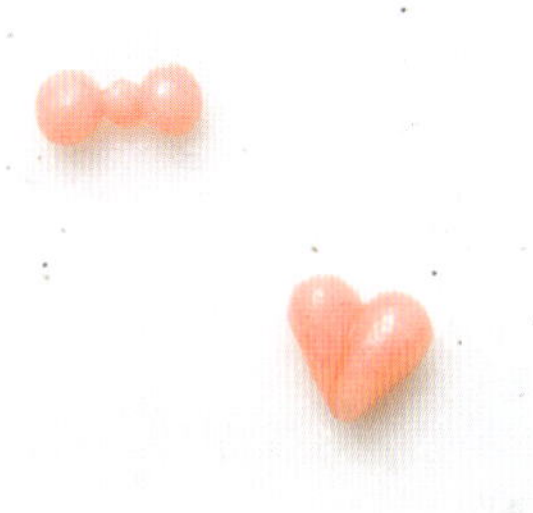

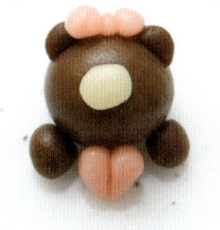

搓二大一小的圓球做成胖胖的蝴蝶結，或是用兩個小水滴形狀合成愛心。

3

將蝴蝶結放在動物頭上，愛心放在兩手之間。

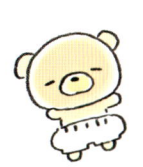

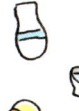

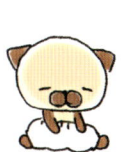

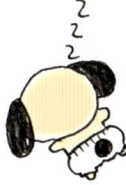

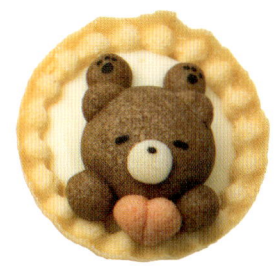

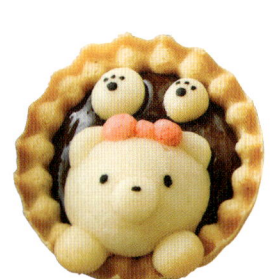

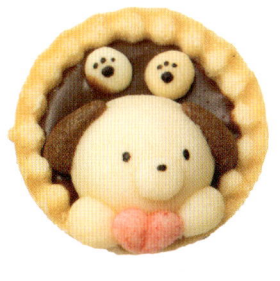

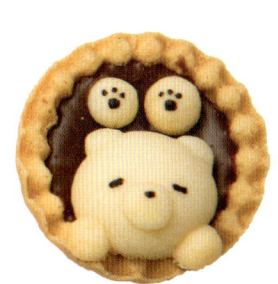

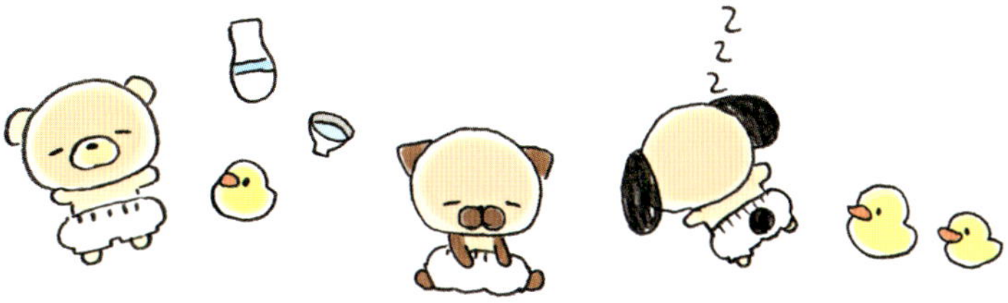

生巧克力塔的作法

1

將巧克力切碎放入耐熱容器中，不蓋保鮮膜，直接以 600W 微波加熱約 30 秒後，用湯匙攪拌，讓整體均勻融化。

2

加入鮮奶油。

3

攪拌至整體均勻滑順。

4

在各個烤好的迷你塔皮中分別倒入 11g 生巧克力。

5

在巧克力的適當位置上，擺入動物的頭、手、腳。

6

以少許水拌勻黑可可粉，畫上表情和肉球（表情的畫法請參考 p.17），冷藏約 1 小時。

完成!!

Part 2

Squeezed
Icebox
Sand Cookies

擠花餅乾・冰盒餅乾・夾心餅乾

在嘴裡酥鬆化開的擠花餅乾，
以及用紮實麵團做出的冰盒餅乾和夾心餅乾。
帶有一點復古昭和的氛圍，超級可愛！

squeezed cookies

各式各樣的擠花餅乾

準備一個擠鮮奶油的擠花袋，
裝入做好的餅乾麵團，
就可以擠出好多不同的形狀！
毛絨可愛的貴賓狗、約克夏，
還有生動俏皮的小兔子，
哪怕只是擠個愛心或方形，
可愛度也足夠登上檯面！

作法 ▶ p.40

animal
icebox
cookies

表情多變的
動物冰盒餅乾

把搓成棒狀的餅乾麵團，
切成一片片同樣形狀的餅乾，
再逐一畫上各種不同的表情，
笑咪咪的臉、愛睏的臉、
困擾的臉……
做餅乾的時光真是有趣！

作法 ▶ p.45

37

love letter
sand cookies

情書 ♡
夾心餅乾

紅咚咚果醬從挖空的愛心小孔中露出來，
變成可愛的迷人紅心。
只要把麵團擀開再切出形狀即可，
不需要模具就能輕鬆完成！

作法 ▶ p.48

flower heart round
icebox cookies

作法 ▶ p.50

小花・愛心・圓形
冰盒餅乾

彷彿金太郎糖一樣，
切出一片片形狀相同的餅乾。
有小花、愛心與圓形，
餅乾裡面還可以放果乾喔！

各式各樣的擠花餅乾 製作方法 p.34-35

在裝好花嘴的擠花袋中，放入柔軟的餅乾麵團，
擠出喜歡的小動物等各種形狀吧！

材料 （約3.5cm大・20個）

無鹽奶油 … 45g	※放置室溫軟化
糖粉 … 20g	
蛋白 … 8g	
低筋麵粉 … 55g	
黑芝麻、糖漬橙皮、糖漬櫻桃 … 各少許	

▶ 分開蛋黃和蛋白的方法

在調理盆上把蛋敲開成兩半，讓蛋黃在殼內，蛋白流進盆內。接著用兩邊的殼輪流接蛋黃，把多餘的蛋白分離開來。

1／製作麵團

1
在調理盆中放入無鹽奶油和糖粉，用打蛋器充分混合。

2
接著加入蛋白，繼續攪拌均勻。

3

再將低筋麵粉過篩到盆中,以刮刀翻拌到沒有粉末顆粒感。

4

在擠花袋中裝入花嘴(花型・口徑 5mm・5 齒),再放入做好的麵團。在烤盤上先鋪一層烘焙紙。

2/擠出形狀

在烤盤上擠出麵團,並擠成想要的形狀。

詳細作法請看 p.42-44 喔!

▶ 形狀的種類

貴賓狗　　　　　貴賓狗

約克夏　　　　　小兔子

查理士王小獵犬　　四方形

蝴蝶結　　　　　復古圓

愛心　　　　　　迷你愛心

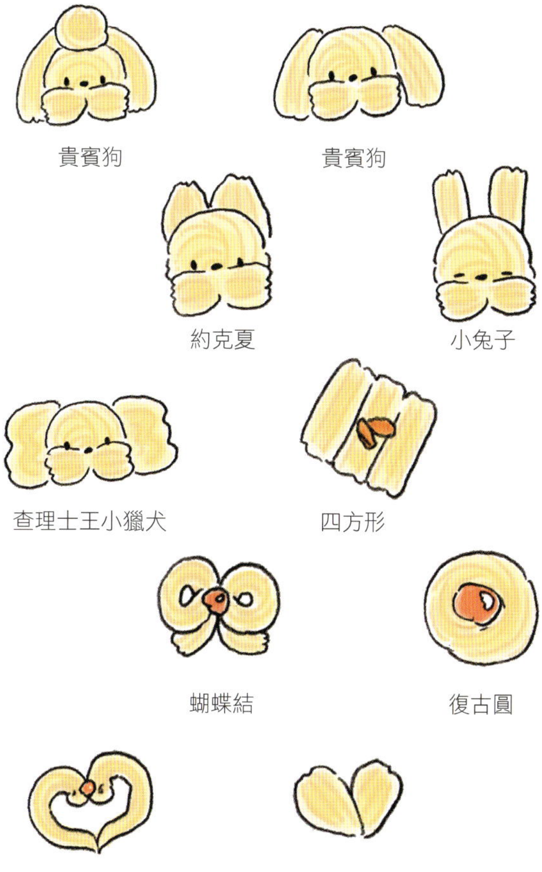

3/入爐烘烤

放入預熱至 180℃ 的烤箱中,烘烤約 10-12 分鐘。

不同造型的擠花方法

動物臉的製作方法大致相同,請參考「查理士王小獵犬」。

查理士王小獵犬

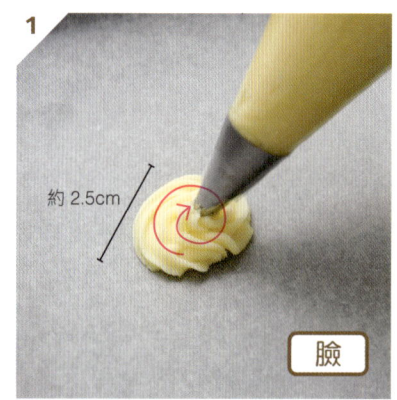

1 臉
約2.5cm
從外往內擠一個圓。

2 嘴巴
在臉的下方,從兩側往中間擠兩道短直線。

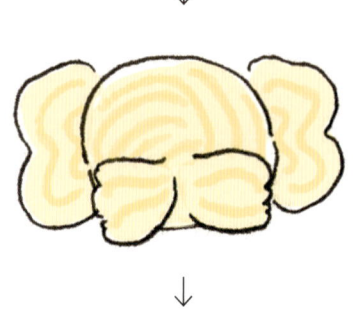

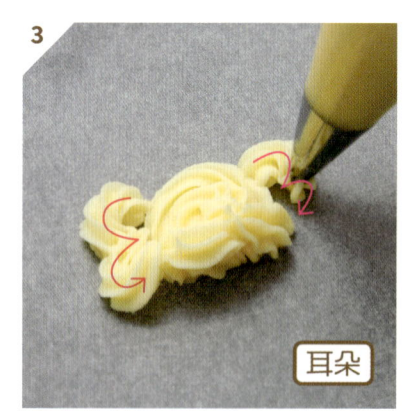

3 耳朵
在臉的兩側,各擠一道波浪狀。

4 表情
在眼睛的位置放上芝麻。

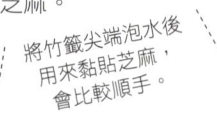

> 將竹籤尖端泡水後用來黏貼芝麻,會比較順手。

貴賓狗（二種）

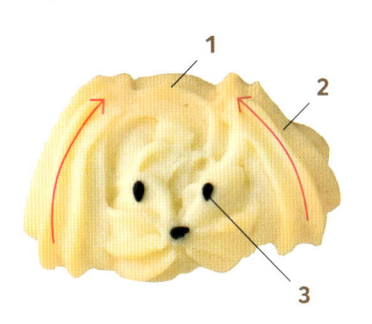

1. 臉和嘴巴的作法，和查理士王小獵犬相同。
2. 一隻在臉的兩側，由下往上擠兩道略長的線當耳朵。另一隻擠完兩邊耳朵後，在頭頂擠一個小小的圓。
3. 貼上芝麻當眼睛和鼻子。

約克夏

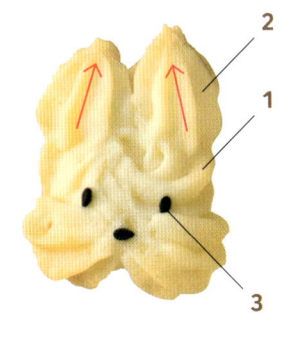

1. 臉和嘴巴的作法，和查理士王小獵犬相同。
2. 在臉的上端，由下往上擠兩道短短的耳朵。
3. 貼上芝麻當眼睛和鼻子。

小兔子

1. 臉和嘴巴的作法，和查理士王小獵犬相同。
2. 在臉的上端，由下往上擠兩條線，並在結尾時往回勾一點，做出耳朵。
3. 貼上芝麻當眼睛和鼻子。

熊熊

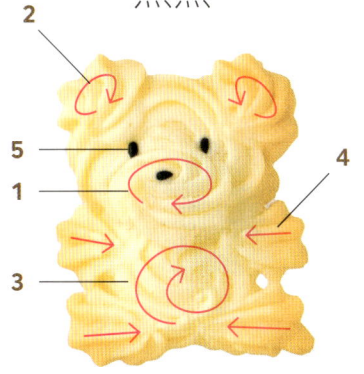

1. 臉的作法和查理士王小獵犬相同，並在嘴巴位置擠一個小圓。
2. 在臉上方兩側，擠兩個小圓當耳朵。
3. 接著在臉的下方，擠一個大圓當身體。
4. 在身體上下左右，分別由外往內擠短線到身體上，做出手腳。
5. 貼上芝麻當眼睛和鼻子。

四方形

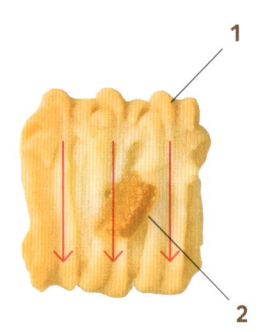

1. 同方向擠三條直線，邊緣用手稍微整理形狀。
2. 在中間放入切碎的糖漬橙皮當裝飾，也可以用糖漬櫻桃。

復古圓

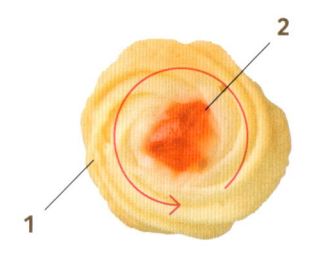

1. 先擠一個圓後，在中間擠薄薄的麵團，把洞填起來。
2. 在中間裝飾切成 1/4 的糖漬櫻桃。

迷你愛心

1. 從中心點往左右斜上方擠兩條短線，做出心形。

愛心

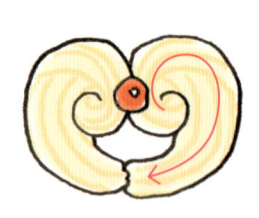

1. 從上方內側擠一圈，再往下擠出一半的愛心線條。
2. 另一側也擠出同樣的對稱線條。然後在上方接縫處裝飾一點碎糖漬櫻桃。

蝴蝶結

1. 先擠一個「∞」的符號。
2. 接著由下往上擠兩條線，變成「八」字形。
3. 在接縫處裝飾一點碎糖漬櫻桃。

表情多變的
動物冰盒餅乾 製作方法 p.36-37

將搓成長條狀的臉和耳朵麵團連接後再切開，
一大堆形狀相同的動物餅乾，瞬間完成！
再畫上各種表情，打造出熱鬧的動物家族。

材料　（直徑約 3cm・15 個）
※分量為製作一種造型的量

無鹽奶油 … 40g　※放置室溫軟化

砂糖（上白糖）… 30g

蛋黃 … 5g
※分開蛋黃和蛋白的方法請參考 p.40

烘焙用杏仁粉 … 15g

低筋麵粉 … 65g

可可粉 … 5g（依種類調整）

黑可可粉 … 1g（依種類調整）

黑可可粉、水 … 各少許

什麼是冰盒餅乾？

冰盒餅乾就是將麵團搓成長條的棒狀，放到冰箱降溫變硬後，再像金太郎糖般，用刀切成一片片的餅乾。

1 / 製作麵團

1

在調理盆中放入無鹽奶油和砂糖，用打蛋器拌勻。

2

接著加入蛋黃，同樣用打蛋器拌勻。

3

再加入杏仁粉，用打蛋器拌勻。

2 / 塑形

要放進冷凍庫喔

4

將低筋麵粉過篩加入盆中,以刮刀翻拌至沒有粉末顆粒感。

各種形狀的詳細作法請參考下方說明。完成後用保鮮膜將麵團密封包緊,冷凍30分鐘降溫後取出,放置室溫3-4分鐘回溫,再切成約0.7cm厚的片狀。

塑形的方法

熊熊與白熊

1

先預留5g麵團當鼻子,其餘加入5g可可粉,以刮刀拌勻。

※製作白熊的話就不需要加可可粉。

2

耳朵　臉

將麵團分成1/5(耳朵)和4/5(臉)。

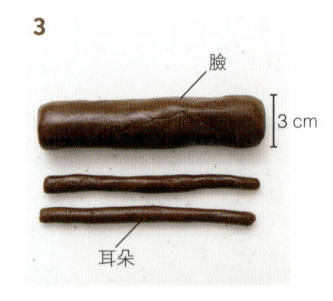

3

臉　3cm
耳朵

將臉的麵團搓成直徑3cm、長15cm的橢圓棒狀。耳朵的麵團分兩半,各自搓成和臉麵團等長的長條狀。

4

將耳朵麵團裝在臉麵團的上方兩側,用保鮮膜包緊,冷凍30分鐘。

5

從冷凍庫取出後,先在室溫放置3-4分鐘,再切成0.7cm厚的片狀。

6

取少許預留的鼻子麵團,搓成小小的圓球,放到臉上後用手輕壓黏合。

3 / 烘烤

將餅乾麵團放在鋪好烘焙紙的烤盤上,放入預熱至 170℃ 的烤箱中烤 12-15 分鐘。

4 / 畫出表情

取少許黑可可粉和水拌勻,用竹籤沾取後,在出爐放涼的餅乾上畫出眼睛和鼻子(表情的畫法請參考 p.17)。

想畫什麼表情都可以!

小狗

預留 5g 作為鼻子麵團,剩下的取 1/5(耳朵麵團),加 1g 黑可可粉拌勻。

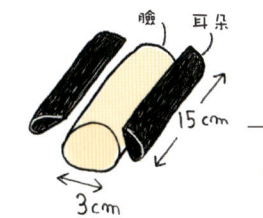

其餘 4/5(臉麵團)搓成橢圓棒狀。耳朵麵團分兩半,搓成兩條半圓形。將三條麵團組合後用保鮮膜包緊,冷凍 30 分鐘。

從冷凍庫取出,放室溫 3-4 分鐘,再切成 0.7cm 厚的片狀。

取少許預留的鼻子麵團搓圓,做出鼻子。

貓咪

將 5g(鼻子)和剩餘麵團的 1/5(耳朵),一起加 2g 可可粉拌勻。

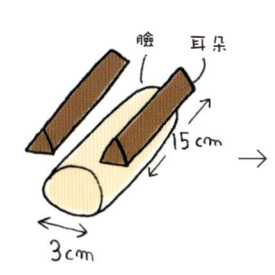

把臉的麵團搓成橢圓棒狀。耳朵麵團分兩半,搓成兩條三角形。將三條麵團組合後用保鮮膜包緊,冷凍 30 分鐘。

從冷凍庫取出,放室溫 3-4 分鐘,再切成 0.7cm 厚的片狀。

取少許鼻子麵團搓兩個小圓,做出鼻子。

情書 ♡ 夾心餅乾 的製作方法　p.38

將薄薄的麵團切片、挖出鏤空愛心形狀後烘烤，
再塗抹上甜蜜的果醬，把兩片夾起來做成三明治！

材料　（約 5cm×4cm・8 個）

無鹽奶油 … 50g	※放置室溫軟化
糖粉 … 35g	
全蛋液 … 13g	※恢復常溫狀態
低筋麵粉 … 100g	
喜歡的果醬 … 適量	

> 蛋液分次加入，更好拌勻喔！

1 / 製作麵團

1 在調理盆中放入無鹽奶油和糖粉，用打蛋器拌勻。

2 接著分三次倒入蛋液，並一邊用打蛋器攪拌均勻。

3 將低筋麵粉過篩加入盆中，用刮刀以切拌方式混合至沒有粉末顆粒感。

2/ 塑形

1

將麵團放在鋪有烘焙紙的砧板上,撒少許麵粉(材料分量外)當手粉,再用擀麵棍擀成 0.3cm 厚度。

2

> 冷藏 20 分鐘

蓋上保鮮膜,放冰箱冷藏約 20 分鐘降溫。

> 此時麵團會變得比較軟,先冷藏到稍微變硬才好操作。

3

用刀子將麵團分切成約 4cm×5cm 大小,再擺入鋪有烘焙紙的烤盤中。

4

將其中一半麵團,用刀子或竹籤在中間切出鏤空的愛心。

5

再用竹籤劃出信封的線條。

> 把剩餘麵團做成喜歡的形狀一起烘烤!切下來的愛心片也一起!

3/ 烘烤

1 組
剩下的麵團
挖空時的麵團

放入預熱至 170℃ 的烤箱中,烘烤約 12-15 分鐘。照片為烤好後的模樣。

4/ 夾入果醬

出爐冷卻後,在沒有挖空的餅乾背面中間抹入果醬,再蓋上一片愛心挖空餅乾,完成!

小花・愛心・圓形
冰盒餅乾 的製作方法 [p.39]

以冰盒餅乾的方式來塑形，
麵團中還能加入果乾來變化口感。

> 也可以畫上喜歡的臉喔！
> （表情畫法參考 p.17）

> 如果要同時做 3 種造型，
> 材料也要準備 3 份喔！

材料 （約直徑 3cm・15 片）
※分量為製作一種造型的量

無鹽奶油 … 40g	※放置室溫軟化
砂糖 … 30g	
蛋黃 … 5g	
※分開蛋黃與蛋白的方法請參考 p.40	
烘焙用杏仁粉 … 15g	
低筋麵粉 … 65g	

・小花／黃色食用色素… 少許
・圓形／水果乾（鳳梨、芒果）、
　　　　糖漬櫻桃 … 共 20g

作法

1. 在調理盆中放入無鹽奶油和砂糖，以打蛋器均勻混合。

2. 接著分三次加入蛋黃，同時一邊用打蛋器攪拌均勻。

3. 再加入杏仁粉，用打蛋器拌勻。

4. 將低筋麵粉過篩加入盆中，用刮刀拌勻至沒有粉末顆粒感。

5. 將麵團塑形。※詳細作法請參考 p.51。

6. 用保鮮膜包裹後，冷凍約 30 分鐘定型。

7. 從冷凍庫取出麵團，靜置約 3-4 分鐘後，分切成 0.7cm 厚的片狀。

8. 擺在鋪有烘焙紙的烤盤中，放入預熱至 170℃的烤箱中，烘烤 12-15 分鐘。

> 要放冷凍冷卻喔！

> 餅乾麵團的作法和
> 「動物冰盒餅乾」相同，
> 請參考 P.45-47。

塑形的方法

小花	愛心	圓形

小花

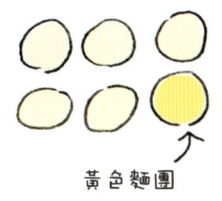

1. 將麵團分成六等分,其中一個加少許黃色食用色素,用刮刀拌勻。

↓

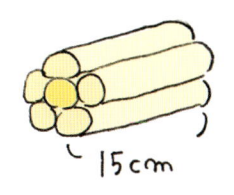

2. 將六個麵團各自搓成細長條後,將五個原色麵團圍繞在黃色麵團周圍,再用保鮮膜包起來,冷凍降溫。

愛心

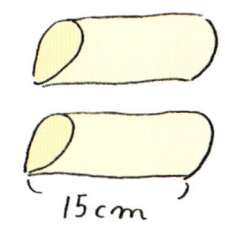

1. 將麵團分成兩半,各自搓成長條後,將其中一側壓扁,做成水滴狀。

↓

2. 將兩個麵團貼合成愛心後,稍微調整形狀,再用保鮮膜包起來,冷凍降溫。

圓形

1. 將水果乾、糖漬櫻桃切成粗碎狀。

↓

2. 加入麵團中混勻後,在保鮮膜上搓成直徑約3cm 的長條棒狀,再用保鮮膜包起來,冷凍降溫。

Column 1

療癒時間 mocha mocha
夢幻咖啡廳 Menu

各種可愛的動物咖啡廳菜單，
利用市售品就能簡單上桌，
連聖代杯也可以在百圓商店輕鬆購入。
想要放鬆喘口氣時，
就來享受自家咖啡廳的氛圍吧！

作法 ▶ p.54

昭和優格布丁船
用鮮奶油做出可愛狗狗。

香草草莓帕菲
帕菲上是一隻
有著杏仁果耳朵的
冰淇淋狗狗。

懷舊咖啡廳鬆餅
幫躺在鬆餅床上
呼呼大睡的奶油狗狗，
蓋上香醇柔軟的蜂蜜棉被！

52

冰淇淋
蘇打果凍
把蘇打汽水凝固成果凍，
上頭的冰淇淋是可愛小熊！

巧克力
香蕉帕菲
光看就感到濃郁無比的
巧克力冰淇淋熊。

晶透咖啡凍
鮮奶油小狗舒服地
趴在咖啡凍上。

冰淇淋蘇打果凍

- 糖漬櫻桃
- 打發鮮奶油（噴式鮮奶油）
- 小饅頭餅乾
- 巧克力米
- 芝麻
- 哈密瓜汽水果凍（1杯量）
  哈密瓜汽水 230g
  吉利丁粉 7g

將 80g 哈密瓜汽水倒入耐熱容器中，以 600W 微波加熱 40 秒後，一邊少量多次加入吉利丁粉，一邊攪拌到融化，再用濾網過濾，倒入裝有剩餘哈密瓜汽水的玻璃杯中，攪拌均勻。冷藏 2-3 小時冷卻凝固後，裝飾即可。

懷舊咖啡廳鬆餅

- 糖漬櫻桃
- 蜂蜜
- 室溫軟化奶油
- 巧克力米
- 芝麻
- 鬆餅

奶油的擠法

（5-6 片）

鬆餅預拌粉	150g
雞蛋	1 顆
牛奶	100g

雞蛋和牛奶先拌勻，再加入鬆餅粉攪拌成均勻麵糊。平底鍋以小火熱鍋，用湯勺撈一勺麵糊，一口氣倒入鍋中。小火煎到麵糊表面冒出小泡泡後，翻面，續煎約 2 分鐘即可。把奶油放入擠花袋中，擠到鬆餅上，再用糖漬櫻桃裝飾。

MENU
- 冰淇淋蘇打果凍
- 懷舊咖啡廳鬆餅
- 巧克力香蕉帕菲
- 晶透咖啡凍
- 昭和優格布丁船
- 香草草莓帕菲

巧克力香蕉帕菲

- 市售造型餅乾
- 巧克力球
- 巧克力冰淇淋
- 小饅頭餅乾
- 芝麻
- 巧克力米
- 巧克力鮮奶油
- 優格
- 香蕉
- 玉米片

（無標題）
- 糖漬櫻桃
- 打發鮮奶油
- 芝麻
- 巧克力米

晶透咖啡凍

（1 杯量）

含糖咖啡	160g
吉利丁粉	5g

將 50g 咖啡放入耐熱容器中，以 600W 微波加熱 40 秒。一邊少量多次加入吉利丁粉，一邊攪拌到融化，再用濾網過濾，倒入裝有剩餘咖啡的玻璃杯中，攪拌均勻。冷藏 2-3 小時後，擠上鮮奶油就完成了。

昭和優格布丁船

- 巧克力米
- 芝麻
- 打發鮮奶油
- 市售布丁
- 糖漬櫻桃
- 罐頭橘子
- 優格
- 玉米片

香草草莓帕菲

- 香草冰淇淋
- 巧克力米
- 小饅頭餅乾
- 芝麻
- 巧克力鮮奶油
- 優格
- 草莓
- 玉米片
- 巧克力鮮奶油
- 市售餅乾
- 杏仁果

Part 3

Seasonal Cookies

一起歡樂過節的餅乾小夥伴

在萬聖節或聖誕節這種歡樂的節日,
總是特別想要烤一盤香甜酥脆的小餅乾,
用來做應景的裝飾,或是當禮物送人都好。
從製作到等待烤箱「叮」一聲的過程都充滿期待!

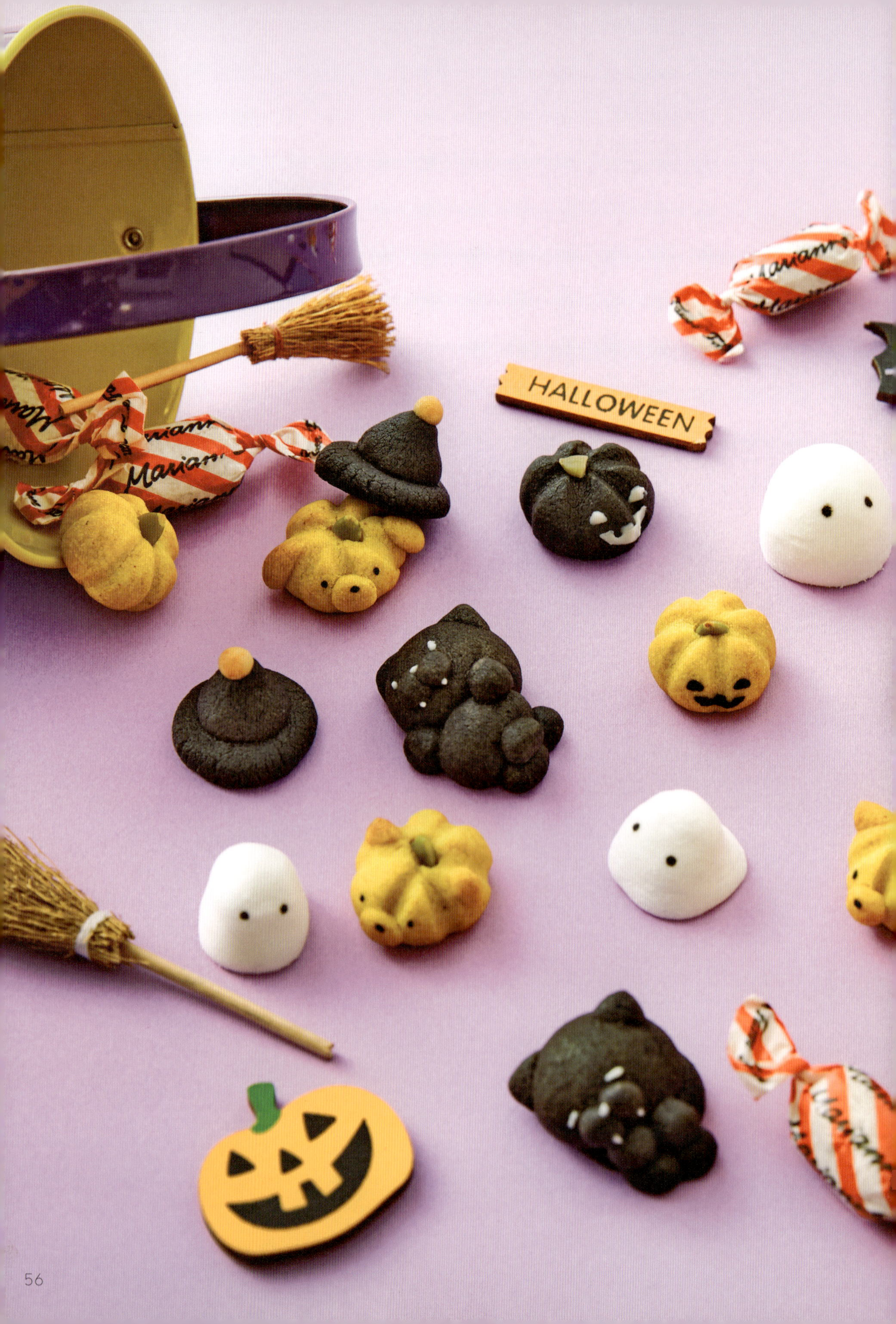
HALLOWEEN

halloween cookies

萬聖節餅乾 與幽靈棉花糖

代表萬聖節的傑克南瓜燈,
狗狗和貓咪的南瓜怪,
還有魔法師的帽子,
露出尖尖牙齒的神祕感黑貓。
當然,也不能少了幽靈棉花糖。

作法 ▶ p.62

snowman cookies

呆萌 雪人餅乾

將麵團揉成圓潤的雪人模樣，
加上小動物的耳朵五官，變得更加可愛！
故意做成有一點融化的樣子，
看起來也很療癒。

作法 ▶ p.65

christmas cookies

叮叮噹 聖誕擠花餅乾

聖誕老公公、聖誕襪、聖誕蠟燭……
用擠花餅乾營造溫柔的節慶氛圍。
做好後可以裝在透明袋子中,
當成聖誕樹的掛飾也很可愛。

作法 ▶ p.66

house of cookies

童話
餅乾糖果屋

大大的房子、小小的房子，
全部都是用糖果餅乾做成的，
簡直像夢中世界般奇幻。
用自己烤的美味餅乾，
蓋一間喜歡的房子，
再以軟糖等不同點心裝飾，
真的好有趣！
而且，比想像中簡單好多！

作法 ▶ p.68

61

萬聖節餅乾與
幽靈棉花糖 的製作方法 p.56-57

南瓜燈、魔法師的帽子、黑貓都是雪球餅乾，幽靈則是棉花糖。
一起幫他們畫上各種古靈精怪的表情吧！

餅乾的材料 （約3cm大・20個）

無鹽奶油 … 30g　※放置室溫軟化

糖粉 … 20g

烘焙用杏仁粉 … 10g

牛奶 … 7g

低筋麵粉 … 50g

南瓜粉 … 3g

黑可可粉 … 1g

南瓜籽 … 少許

黑可可粉、水 … 少許

白巧克力 … 少許

餅乾的作法

1 在調理盆中放入無鹽奶油和糖粉，用打蛋器攪拌均勻。

2 接著加入杏仁粉和牛奶，再次用打蛋器拌勻。

3 加入過篩的低筋麵粉，用刮刀攪拌到整體沒有粉末顆粒感。

4 將麵團先取出 1g 備用（魔法師帽子上的圓球），剩餘的麵團分成兩半，分別混入南瓜粉和黑可可粉揉勻。

5 用保鮮膜將麵團包起來，冷藏 30 分鐘。

6 將麵團做出想要的造型。　※請參考 p.63。

7 排在鋪有烘焙紙的烤盤上，放入預熱至 160℃ 的烤箱中，烘烤 15-18 分鐘。

8 將少許黑可可粉和水拌勻。等餅乾出爐冷卻後，用竹籤沾取黑可可水或融化的白巧克力，在臉上畫出表情。　※表情的畫法請參考 p.17。

> 麵團的作法和「動物雪球餅乾」相同，請參考 p.16-19 製作。

塑形的方法

南瓜燈

畫出自己喜歡的表情吧！

1 想要做貓咪或狗狗南瓜怪的話，就再加上耳朵！

取 5g 南瓜粉麵團，搓圓後稍微壓扁，做成南瓜的形狀，再用竹籤壓出側邊線條。

2 在中間處插入一個南瓜籽，做出蒂頭。

魔法師的帽子

1 取 2g、3g 的黑可可麵團，還有少許原味麵團，分別搓圓。

2 將 2g 的麵團壓扁，3g 的麵團搓揉成三角錐狀。

3 直接在鋪有烘焙紙的烤盤上組裝很方便！

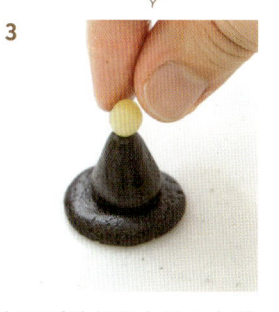

在壓扁的麵團上放三角錐麵團，最後再組裝上原味圓形麵團。

黑貓

將黑可可麵團，依照 p.16-19「動物雪球餅乾」的方式捏出貓咪，再用竹籤沾融化白巧克力畫出表情，不要忘了畫牙齒喔！

黑南瓜燈

將黑可可麵團依照「南瓜燈」的方式做出形狀，再用竹籤沾融化白巧克力畫出表情。

63

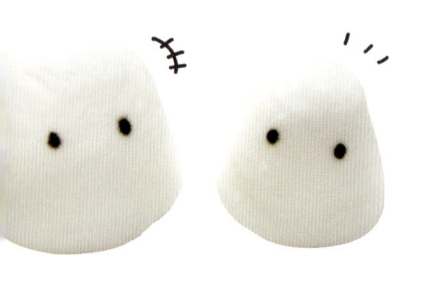

幽靈棉花糖的材料
（大的約 3cm、小的約 2cm・10 個）

棉花糖 … 30g

水 … 5g

糖粉 … 55g

黑可可粉、水 … 各少許

1 將棉花糖和水放入耐熱容器中，鬆鬆地蓋上保鮮膜，以 600W 微波加熱 30 秒。

2 用刮刀將棉花糖攪拌均勻。

3 接著加入糖粉，再次攪拌均勻後，蓋上保鮮膜，冷藏 30 分鐘。

4 準備一盆糖粉（材料分量外），放入冰過的棉花糖後，用大量的糖粉覆蓋表面。

棉花糖很容易黏手，所以要裹厚一點。

5 將棉花糖分成小塊（大幽靈 10g、小幽靈 5g），分別搓圓到表面光滑後，做出幽靈的形狀。

6 塑形後，將少許的黑可可粉和水拌勻，用竹籤沾取後畫出表情（表情的畫法請參考 p.17）。

呆萌雪人餅乾 的製作方法 p.58

麵團作法和動物表情的畫法，
都和 p.16「動物雪球餅乾」相同。

材料 （約 3.5cm 大・15 個）

無鹽奶油 … 45g　※放置室溫軟化

糖粉 … 35g

烘焙用杏仁粉 … 15g

牛奶 … 11g

低筋麵粉 … 75g

紅色食用色素 … 少許

巧克力米 … 少許

黑可可粉、水 … 各少許

作法

1. 在調理盆中放入無鹽奶油和糖粉，用打蛋器攪拌均勻。

2. 加入杏仁粉和牛奶，再次用打蛋器拌勻。

3. 接著加入過篩的低筋麵粉，用刮刀攪拌至整體沒有粉末顆粒感。取少許用來製作帽子和鼻子的麵團，以少量食用色素調成紅色。

4. 用保鮮膜將麵團包起來，冷藏 30 分鐘。

5. 將麵團做出想要的造型。
※請參考下方作法。

> 動物的五官請參照 p.16-19「動物雪球餅乾」的方法製作喔！

6. 放入預熱至 160℃ 的烤箱中烤 18-25 分鐘。

7. 將少許黑可可粉和水拌勻。等餅乾出爐冷卻後，用竹籤沾取少許黑可可水，畫出表情。
※表情的畫法請參考 p.17。

塑形的方法　直接在鋪有烘焙紙的烤盤上塑形組裝。

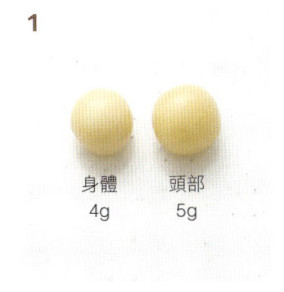

1

身體 4g　頭部 5g

將麵團分成身體用 4g、頭部用 5g 後，搓圓。

2

將身體麵團稍微壓扁，中間做出一個凹洞。

3

取兩個巧克力米，貼到身體上當雪人的手。

4

放上頭部麵團。畫出喜歡的表情，或是做出帽子、鼻子當裝飾。

65

叮叮噹聖誕擠花餅乾 的製作方法 p.59

麵團的作法和 p.40「各式各樣的擠花餅乾」相同。

> 減少紅色食用色素的量，就可以做出漂亮的粉紅色。每次只加一點點，慢慢調出喜歡的顏色吧！

材料 （約 4.5-5cm 大・20 個）

無鹽奶油 … 45g	※放置室溫軟化

糖粉 … 20g

蛋白 … 8g
※分開蛋黃和蛋白的方法請參考 p.40

低筋麵粉 … 55g

紅色食用色素 … 少許

黑芝麻 … 少許

綜合果凍 … 少許

作法

1. 在調理盆中放入無鹽奶油和糖粉，用打蛋器攪拌均勻。

2. 加入蛋白後，再次用打蛋器拌勻。

3. 接著加入過篩的低筋麵粉，用刮刀攪拌至整體沒有粉末顆粒感。取一半麵團，加入少量紅色食用色素，拌勻成粉紅色。

4. 將原色和粉紅色麵團分別放入裝有花嘴（花型・口徑 5mm・5 齒）的擠花袋中。

5. 烤盤上鋪好烘焙紙後，直接在上面擠麵團，做出想要的造型。※擠的方法請參考 p.67。

6. 放入預熱至 180℃ 的烤箱中，烘烤 10-12 分鐘即可。

塑形的方法

聖誕老公公

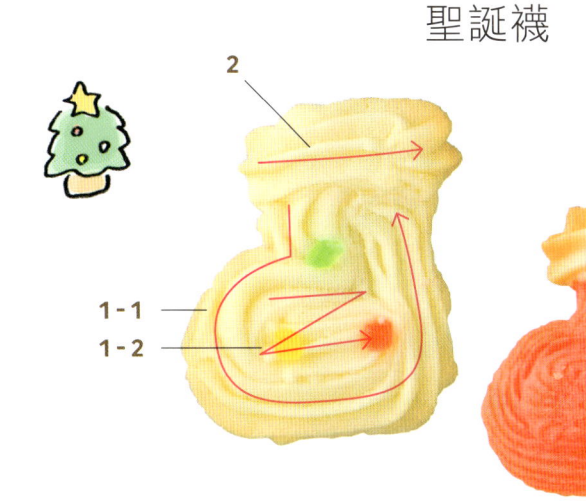

1. 先用粉紅色麵團擠出三角形的帽子。
2. 再用原色麵團,在帽子上面擠一個小圈當毛球。
3. 接著用原色麵團,從外往內擠一圈做出臉。
4. 在臉和帽子的交接處,用原色麵團擠一條橫線,做出帽子反摺的毛絨處。
5. 在臉的下緣,擠出兩道鬍子。
6. 在臉上貼黑芝麻,做出眼睛和鼻子。

聖誕襪

1. 用粉紅色麵團或原色麵團,先擠出襪子外圈的形狀,再填滿中間。
2. 用原色麵團在襪子上緣擠一條橫線。
3. 依喜好放上少許切碎的果凍裝飾。

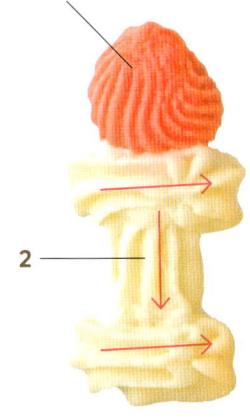

聖誕蠟燭

1. 用粉紅色麵團,從下往上擠出火焰的形狀。
2. 用原色麵團在火焰下方先擠出一條直線當蠟燭,接著在直線上下各擠一條短橫線。

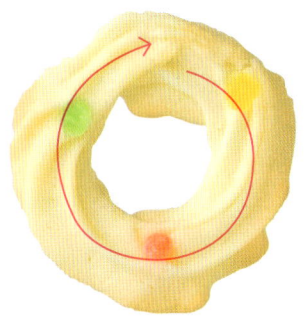

聖誕花圈

將麵團擠成一個中空的圓圈後,依照喜好用切碎的果凍裝飾。

童話餅乾糖果屋 的製作方法 p.60-61

麵團的作法和 p.48「情書夾心餅乾」相同。
在烤好的餅乾上畫糖霜，組裝成可愛的小房子，
再裝飾上軟糖、雷根糖等喜歡的點心吧！

大餅乾糖果屋的材料
（約寬 12×高 10cm・1 間房子）

無鹽奶油 … 82g	※放置室溫軟化
糖粉 … 60g	
全蛋液 … 22g	※恢復常溫狀態
低筋麵粉 … 175g	
糖霜用／糖粉 … 50g、水 … 5g	
裝飾用／軟糖、餅乾、消化餅、雷根糖等等 … 適量	
緞帶	

小餅乾糖果屋的材料
（約寬 7.5×高 5cm・3 間房子）

無鹽奶油 … 75g	※放置室溫軟化
糖粉 … 55g	
全蛋液 … 18g	※恢復常溫狀態
低筋麵粉 … 150g	
糖霜用／糖粉 … 50g、水 … 5g	
裝飾用／軟糖、巧克力片、消化餅、雷根糖等等 … 適量	
緞帶	

作法

1. 在調理盆中放入無鹽奶油和糖粉，用打蛋器充分拌勻。

2. 接著將蛋液分三次加入盆中，一邊用打蛋器充分拌勻。

3. 將低筋麵粉過篩加入盆中，用刮刀切拌至整體沒有粉末顆粒感。

4. 在砧板上鋪烘焙紙，放上麵團。

5. 用擀麵棍將麵團擀成 0.3cm 厚度，再用保鮮膜連同砧板一起封起來，冷藏 20 分鐘至冷卻。

6. 在麵團上放紙型，沿著紙型切割出房子的配件。※紙型請參考 p.71。

> 如果在過程中麵團變軟，請再次放回冷藏室冷卻。

將紙型放到麵團上（請留意畫線面不要接觸到麵團！），用刀子沿著紙型裁切後，可以依照喜好挖洞做出門窗。

7. 將切割好的麵團放到鋪有烘焙紙的烤盤上，放入預熱至 170℃ 的烤箱中，烤 15-20 分鐘。

8. 出爐後放涼，再開始組裝房子，並以喜歡的糖果、餅乾裝飾。
※組裝方法請參考 p.69；裝飾方式請參考 p.70。

餅乾糖果屋的組裝方法

▶ 準備糖霜

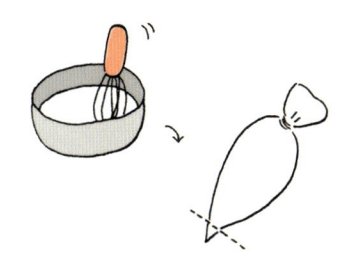

在 50g 糖粉中加入 5g 水拌勻後，放入擠花袋中，將袋口剪下一小角備用。

▶ 大餅乾糖果屋的配件

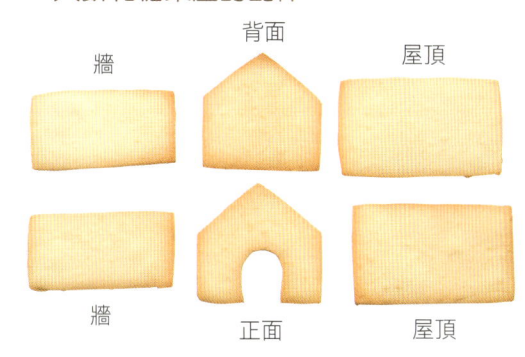

牆　　背面　　屋頂

牆　　正面　　屋頂

1 在兩片牆內側面的短邊塗糖霜，黏上正面和背面的餅乾，讓房子立起來後，靜置不動到固定。

2 在準備黏貼屋頂的房子上端塗糖霜。

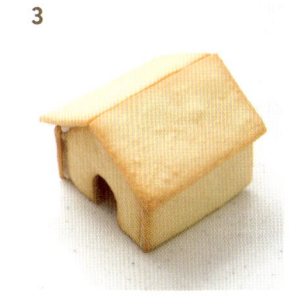

3 組裝上兩片屋頂，靜置不動到固定。

小餅乾糖果屋的組裝方法

▶ 配件

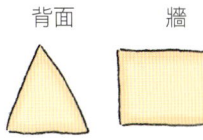

背面　　牆

正面　　牆

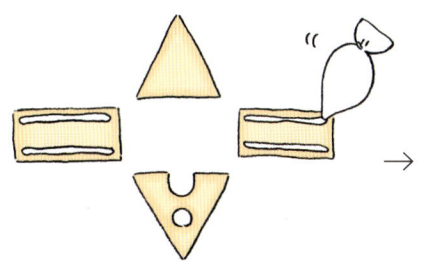

在兩片牆內側面的長邊塗糖霜。

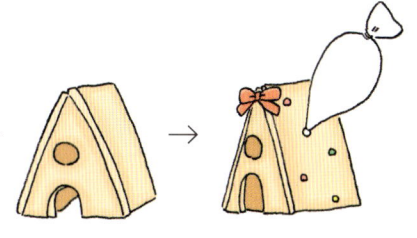

將兩片牆黏合正面和背面的餅乾後，靜置不動到固定。

69

裝飾的方法

在餅乾、軟糖、雷根糖等的內側塗糖霜。

將各種點心黏到房子上,做出自己喜歡的樣子!

> 除了黏貼各種喜歡的市售或手工點心,也可以用緞帶和糖霜裝飾喔!

各式各樣的餅乾糖果屋

大餅乾糖果屋

正面 　　　右側 　　　左側 　　　背面

小餅乾糖果屋

正面 　側面 　　正面 　側面 　　正面 　側面

餅乾糖果屋的紙型

紙型的製作＆使用方法

按照下方標示，以尺做輔助，
將圖形畫到烘焙紙上，再用剪刀剪下來。
使用時放到麵團上（請留意畫線面不要接觸到麵團），
再用刀子小心沿著麵團切割。
每個紙型各切兩片麵團。

大餅乾糖果屋

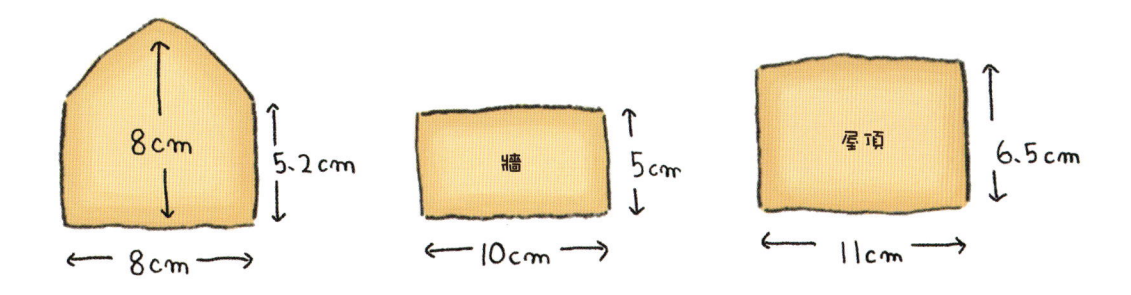

8cm / 5.2cm / 8cm

牆 5cm / 10cm

屋頂 6.5cm / 11cm

小餅乾糖果屋

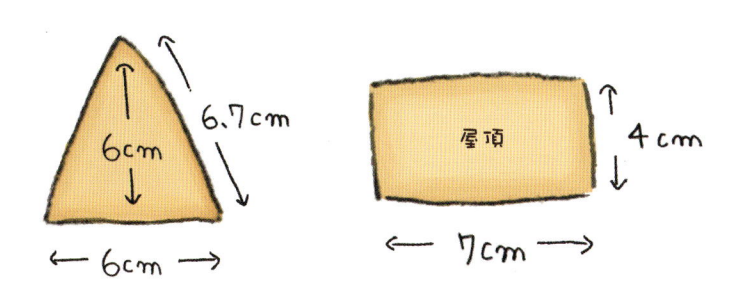

6cm / 6.7cm / 6cm

屋頂 4cm / 7cm

Column 2

包裝成可愛度滿分的小禮物

用百圓商店和烘焙材料行買得到的東西，
簡單做出可愛感滿滿的包裝！

緞帶

蠟紙

貼紙

感情融洽的
兩隻組合～

紙絲

紙膠帶

寫在紙上後裁下，
用釘書機固定

手寫字

有顏色的烘焙紙

麻繩

有花紋的烘焙紙

裝到小塑膠盒中。

拉菲草

紙絲

72

用麻繩打結

有花紋的烘焙紙

把大尺寸的透明袋剪開攤平,放上甜點捲起來後,兩側打蝴蝶結固定。

裝入透明袋中,用打洞機在角落打洞穿繩,做成一個圈,也可以當聖誕樹的掛飾。

包裝靈感

餅乾可以用透明袋放紙絲或可愛的紙墊底,再以紙膠帶、貼紙或緞帶裝飾。杯子蛋糕和巧克力迷你塔等立體度高的甜點,很適合放在墊有烘焙紙的塑膠盒中,在蓋子上用緞帶裝飾。

貼上緞帶和貼紙

在透明蓋子的餐盒中塞滿可愛甜點,做成漂亮的甜點盒!

看得到裡頭的透明包裝,讓人充滿期待感~

lovely...

貼上紙膠帶後,寫上簡短的留言

裝進有透明窗口的袋子裡。

Part 4

Baked Sweets

好想做做看！
超簡單的烘焙蛋糕

可以當作禮物，也可以招待客人，
當然，自己吃也是非常滿足。
輕鬆做出令人嚮往的點心夥伴吧！

cherry pound cake
櫻桃磅蛋糕

在樸實的磅蛋糕中間，
露出紅色櫻桃的模樣，
怎麼看都可愛♡

作法 ▶ p.82

stick
cheese cake

乳酪蛋糕條

用磅蛋糕模具烤出乳酪蛋糕，
再切成長條的形狀。

作法 ▶ p.84

stick brownie
布朗尼蛋糕條

表面覆蓋著滿滿堅果的布朗尼，
也是用磅蛋糕模具烘烤，
再切成長條就完成了！

作法 ▶ p.85

victoria cake
英式維多利亞蛋糕

說起英國的鮮奶油蛋糕，
就不能不提這款有著草莓果醬夾層，
適合在下午茶享用的傳統蛋糕。

作法 ▶ p.86

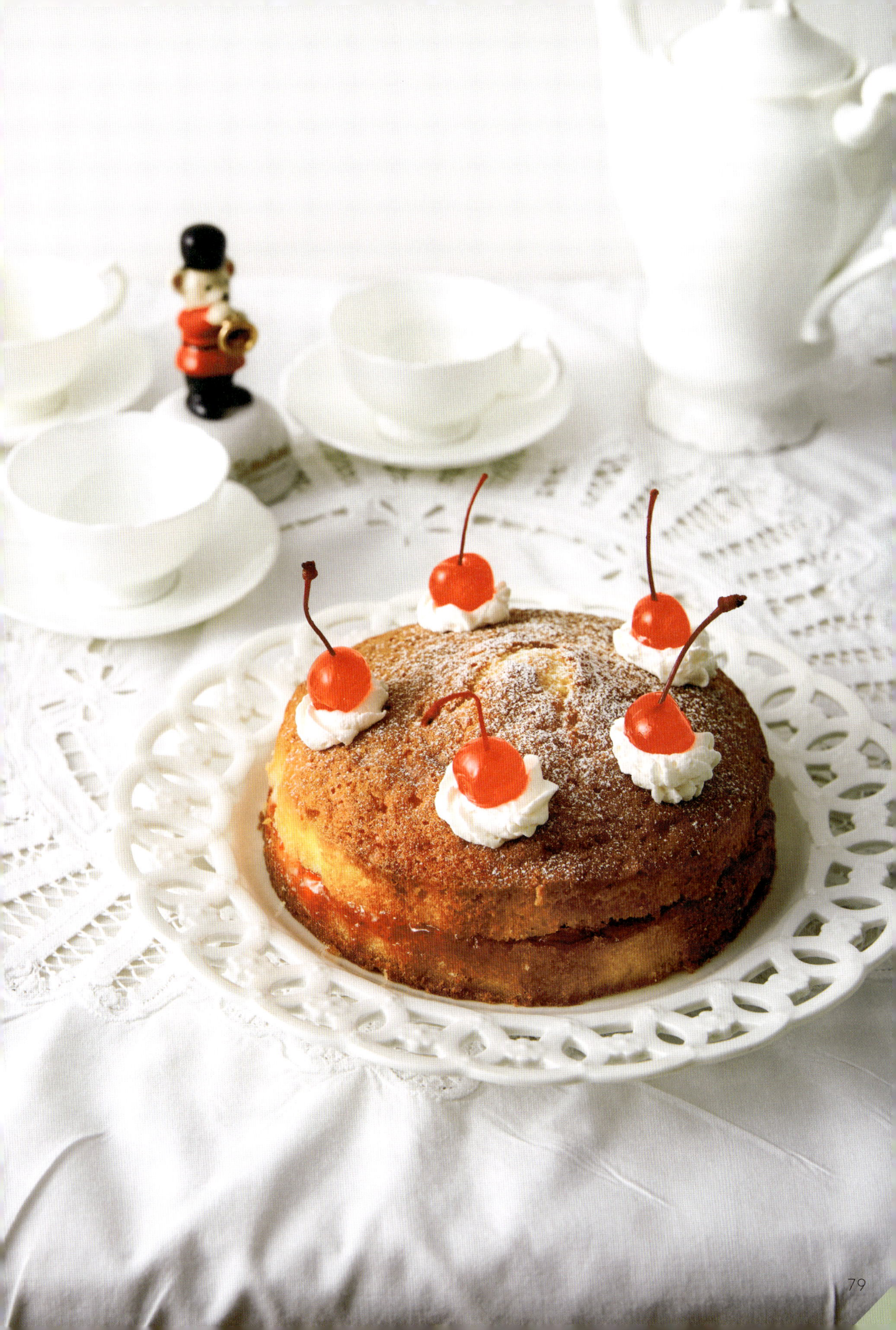

dog cream
cup cake

奶油狗狗杯子蛋糕

先烤好香噴噴的杯子蛋糕，
再以奶油乳酪擠出立體的可愛小狗！
是一款像禮物般的吸睛甜點。

作法 ▶ p.87

包裝靈感

準備一個含蓋塑膠杯，放入奶油狗狗杯子蛋糕後，在蓋子上貼一個蝴蝶結。不怕傷到蛋糕的包裝就完成了！

櫻桃磅蛋糕 的製作方法　p.75

作法超簡單！只要將材料混一混，倒入模具烘烤，帶有可愛紅櫻桃的磅蛋糕就完成了。

材料　（20cm×10cm 磅蛋糕模具・1 個）

無鹽奶油 … 90g　※放置室溫軟化

砂糖（上白糖）… 90g

全蛋液 … 2 顆　※恢復常溫狀態

低筋麵粉 … 90g

泡打粉 … 5g

市售糖漬櫻桃 … 1 罐（約 15 顆）

前置準備

・糖漬櫻桃去除中間的籽，放在廚房紙巾上輕輕按壓，拭乾水分。
・將磅蛋糕模具鋪好烘焙紙。

鋪烘焙紙的方法（磅蛋糕模具）

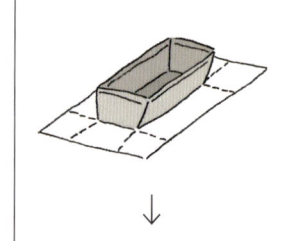

1
將烘焙紙放在磅蛋糕模具下，貼著模具往上摺出四邊摺痕，再依照模具深度裁切成適當大小。

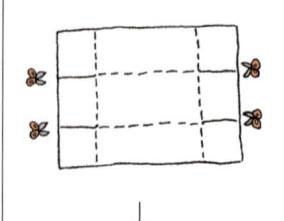

↓

2
用剪刀將圖示的四個地方（實線處）剪開。

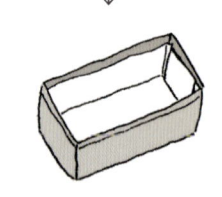

↓

3
將烘焙紙摺成立體的形狀後，放入模具內。

1 / 製作麵糊

1 在調理盆中放入無鹽奶油和砂糖，用打蛋器充分攪拌。

2 接著分三次加入全蛋液，同時一邊以打蛋器攪拌。

3 再加入過篩的泡打粉和低筋麵粉，以刮刀切拌均勻。

4 切拌至整體均勻、沒有粉末感後，加入糖漬櫻桃混合。

2 / 入模烘烤

1 將麵糊倒入模具中，以刮刀將表面抹平。

2 將模具從距離檯面約 10cm 高度，往桌面敲 2-3 次，去除麵糊內的大氣泡後，放入以 160℃ 預熱好的烤箱中，烘烤 30-35 分鐘。

乳酪蛋糕條 的製作方法　p.76

用同樣的磅蛋糕模具烤出乳酪蛋糕，
再切成長長的棒狀，做出不一樣的變化。

材料 （20cm×10cm 磅蛋糕模具 1 個・切 7 條）

消化餅 … 100g

融化奶油 … 50g
※將無鹽奶油放入耐熱容器中，不蓋保鮮膜，
　以 600W 微波加熱 40 秒。

奶油乳酪 … 200g　※放置室溫軟化

砂糖（上白糖）… 65g

全蛋液 … 1 顆　※恢復常溫狀態

鮮奶油 … 150g　※恢復常溫狀態

檸檬汁 … 10g

低筋麵粉 … 10g

前置準備

・將磅蛋糕模具先鋪好烘焙紙。
　※烘焙紙的鋪法請參考 p.82

作法

1 將消化餅敲碎，和融化奶油一起拌勻後，倒入磅蛋糕模具鋪平，再放入冰箱冷藏定型。
※消化餅乾層的詳細作法，請參考下方步驟。

2 在調理盆中放入奶油乳酪和砂糖，以打蛋器充分拌勻。

3 接著在盆中分兩次倒入全蛋液，同時一邊以打蛋器拌勻。

4 繼續在盆中加入鮮奶油，先以打蛋器拌勻，再加入檸檬汁混合，最後加入過篩的低筋麵粉，攪拌均勻。

5 將完成的麵糊倒入步驟 **1** 的模具中，放入以 160℃ 預熱好的烤箱中，烘烤 50 分鐘。出爐後稍微放涼再脫模，並切成七等分。

消化餅乾層的作法

1 先以擀麵棍將消化餅敲成細碎狀。

2 敲成如上圖的細粉後，倒入融化奶油拌勻。

3 接著鋪滿磅蛋糕模具的底部，再用力壓緊實。

放入冰箱冷藏至定型。

布朗尼蛋糕條 的製作方法　p.77

以融化巧克力做成濃郁的麵糊，撒上堅果，
倒入磅蛋糕模具烘焙，再切成棒狀的美味蛋糕！

材料　（20cm×10cm 磅蛋糕模具 1 個・切 7 條）

巧克力 … 75g

無鹽奶油 … 55g

砂糖（上白糖）… 40g

全蛋液 … 70g　※恢復常溫狀態

低筋麵粉 … 60g

可可粉 … 20g

綜合堅果（夏威夷果仁、腰果、杏仁果、核桃、葵花籽等等）… 適量

前置準備

・將磅蛋糕模具先鋪好烘焙紙。
　※烘焙紙的鋪法請參考 p.82

作法

1. 將巧克力放入耐熱容器中，鬆鬆地蓋上保鮮膜，以 600W 微波加熱 30 秒。

2. 在另一個耐熱容器中放入無鹽奶油，直接以 600W 微波加熱 20 秒。

3. 將步驟 **1** 和 **2**，以打蛋器混合至均勻柔順後，加入砂糖拌勻。

4. 加入全蛋液混合均勻。

5. 接著加入過篩的低筋麵粉和可可粉，以刮刀拌勻至整體均勻、沒有粉末感。

6. 將完成的麵糊倒入磅蛋糕模具中，撒上綜合堅果，放進以 160℃ 預熱好的烤箱中，烘烤 25 分鐘。出爐稍微放涼再脫模，並切成七等分。

英式維多利亞蛋糕 的製作方法 <small>p.78-79</small>

只要混合就能完成的簡易蛋糕。
夾層果醬除了草莓,也可以任意更換其他喜歡的口味。

材料 (直徑 15cm 圓形蛋糕模・1 個)

無鹽奶油 … 90g　※放置室溫軟化
砂糖(上白糖) … 90g
全蛋液 … 90g　※恢復常溫狀態
低筋麵粉 … 90g
泡打粉 … 5g
喜歡的果醬、糖粉、打發鮮奶油 … 適量
糖漬櫻桃 … 5 顆

前置準備

- 將圓形蛋糕模具先鋪好烘焙紙。

鋪烘焙紙的方法(圓形模具)

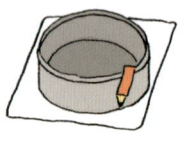

1. 將模具放在烘焙紙上,沿著模具底部描繪圓形後剪下。
2. 依照模具高度,剪出可以圍繞模具側面的兩條烘焙紙。  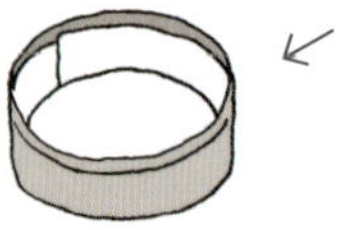
3. 將剪下的烘焙紙平鋪在模具底部和側面即可。

作法

1. 在調理盆中放入無鹽奶油和砂糖,用打蛋器攪拌均勻。

2. 接著分三次倒入全蛋液,同時一邊以打蛋器攪拌均勻。

3. 再加入過篩的低筋麵粉和泡打粉,以刮刀切拌至整體均勻、沒有粉末狀。

4. 將完成的麵糊倒入模具後,將模具從距離檯面約 10cm 的地方,往下敲桌面 2-3 次去除氣泡,再將表面抹平後,放入以 170℃ 預熱好的烤箱中,烘烤 40-45 分鐘。

5. 出爐後稍微放涼再脫模,以刀子從中間將蛋糕橫剖成兩半。

6. 在下層蛋糕片切面薄塗一層果醬,蓋回上層蛋糕片。表面以小篩網篩上糖粉,接著等距擠 5 小球打發鮮奶油,並放上糖漬櫻桃裝飾。

奶油狗狗杯子蛋糕 的製作方法 p.80

使用一般市售的烘焙紙杯烤出杯子蛋糕，
上面再以濃厚的奶油乳酪，擠出狗狗的可愛模樣。

材料 （直徑 4cm×高 7cm 烘焙紙杯・10 個）

無鹽奶油 … 60g　※放置室溫軟化

砂糖（上白糖）… 50g

全蛋液 … 1 顆　※恢復常溫狀態

低筋麵粉 … 90g

泡打粉 … 5g

牛奶 … 40g　※恢復常溫狀態

奶油乳酪 … 100g　※放置室溫軟化

糖粉 … 40g

黑芝麻 … 少許

作法

1. 在調理盆中放入無鹽奶油和砂糖，以打蛋器充分拌勻。

2. 接著分三次倒入全蛋液，同時以打蛋器拌勻。

3. 再加入過篩的低筋麵粉和泡打粉，以刮刀攪拌至整體均勻、沒有粉末狀。最後加入牛奶，混合均勻。

4. 在烘焙紙杯中各自倒入 30g 完成的麵糊，放入以 170℃ 預熱好的烤箱中，烘烤 30 分鐘後，取出放涼。

5. 將奶油乳酪和糖粉，以打蛋器攪拌均勻。

> 如果想要增加顏色變化，可以在加糖粉時一併加入適量的可可粉、黑可可粉拌勻。

6. 將步驟 5 裝入裝有花嘴（花型・口徑 10mm・12 齒）的擠花袋中。

7. 以步驟 6 的奶油乳酪霜在步驟 4 的杯子蛋糕上擠出形狀。　※詳細作法請參考 p.88。

8. 最後以略沾溼的竹籤黏起黑芝麻，貼到奶油小狗上當作眼睛和鼻子。

擠出奶油小狗的方法

頭部、手和嘴巴的擠法
（所有小狗都相同）

1. 將奶油乳酪霜從外往內畫圓擠出，往上堆高做出頭部。

2. 在頭部兩側各擠一小段奶油乳酪霜，當成兩隻手。

3. 接著用同樣方式擠出兩小段奶油乳酪霜，做出嘴巴。

> 為了避免擠出過多的奶油乳酪霜，一擠到需要的量就要立刻停止出力。

耳朵的擠法

貴賓狗二種

從下往上擠出兩邊耳朵。另一隻要另外在頭頂畫一小圈，做出頭上蓬蓬的毛。

約克夏

在頭頂由下往上擠，擠一點點就立刻停止出力，做出尖尖的角。

查理士王小獵犬

從上往下擠出波浪狀的耳朵。

\先知道準沒錯/

甜點製作的基礎

製 作 甜 點 的 基 本 材 料

首先帶大家一起來認識書中餅乾、甜點的主要材料們！

低筋麵粉
時常用來製作甜點的一種麵粉，請過篩後使用。

烘焙用杏仁粉
以杏仁磨成的粉，可以添加風味，並讓完成的甜點更加濕潤。

奶油
本書中使用的是沒有添加鹽分的無鹽奶油。

糖粉
本書中登場頻率最高的糖。粉狀的質地加入麵團中烘烤之後，表面會更加光滑漂亮。

上白糖
日本特有的白砂糖，在日本甜點與料理中皆使用廣泛。本書多用在蛋糕中。

可可粉・黑可可粉
沒有添加砂糖或牛奶的單純可可粉。黑可可粉如其名，顏色很黑，在本書中多用來上色。

泡打粉
有助於讓麵團膨脹起來的粉，本書使用在磅蛋糕和英式維多利亞蛋糕中。

食用色素
可以食用、對人體無害的染色劑。只要添加非常微量的粉，就有很好的上色效果。

雞蛋
本書中除了打勻的全蛋液，有時候也會將蛋黃和蛋白分開使用。

牛奶
加入麵團中，可以讓麵團質地更加滑順。

鮮奶油
本書使用的是植物性鮮奶油，會用來添加在生巧克力塔或甘納許中。

巧克力
使用白巧克力或牛奶巧克力。融化後做成甘納許，或是加入布朗尼麵糊中。

奶油乳酪
用來製作乳酪蛋糕，還有奶油狗狗杯子蛋糕中的奶油乳酪霜。

糖漬櫻桃
浸泡過糖水的櫻桃，呈現漂亮的鮮豔色澤。

巧克力米
細小條狀的彩色巧克力。用來裝飾甜甜圈餅乾，以及做成雪人餅乾的手。

綜合果凍
裝飾用的五顏六色小果凍或軟糖。

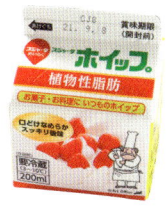

迷你塔皮
已經塑形好，市售的半成品塔皮。

製作甜點的基本工具

接下來介紹在本書中主要使用的幾項工具。

調理盆
製作麵團時使用的容器。玻璃或不鏽鋼材質皆可，多準備幾個會比較好用。

麵粉篩
主要用來過篩低筋麵粉。如果沒有麵粉篩，也可以用篩孔較細的一般篩網。

電子秤
用來測量材料。烘焙時請選用至少可以測量到 1g 的電子秤。

打蛋器
用來混合、攪拌材料。

刮刀
拌勻粉類食材時使用。

擀麵棍
用來將麵團擀平、擀薄的棒狀工具。

竹籤
沾取黑可可粉（用水融成濃稠液體狀）後，用來畫出眼睛、鼻子等細節。

烘焙紙
鋪在烤盤或模具上，避免麵團沾黏。

保鮮膜
要將麵團冷藏或冷凍降溫時，包覆麵團用。

擠花袋・花嘴
用來製作擠花餅乾。花嘴使用的是花型。擠花袋也會用來擠糖霜。

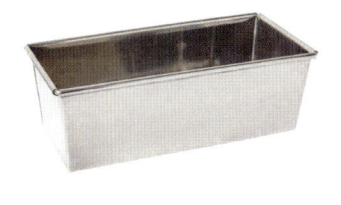

磅蛋糕模具
用來烘烤磅蛋糕的模具。本書中也會用來製作蛋糕條。英式維多利亞蛋糕則是使用圓形蛋糕模。

烘焙紙杯（杯子蛋糕模）
使用可烘烤、以耐高溫紙質製成的杯子蛋糕模。

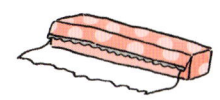

本書使用的甜點用語

作業

恢復常溫／室溫軟化

在開始製作麵團前，將食材事先從冰箱中取出，放置在室溫環境中，避免溫度過低。奶油如果從冰箱取出直接使用，會因為太硬拌不開，所以須先在室溫中放到軟化。

過篩

粉類食材中可能會有小結塊，所以要先用麵粉篩或篩網過篩。

預熱

開始烘烤餅乾或蛋糕前，先開啟烤箱一段時間，讓烤箱內達到需要的溫度。預熱時要記得先將烤盤取出。

稍微放涼

把剛烤好出爐的蛋糕放在室溫中，冷卻到手可以觸摸的程度。

名稱

雪球餅乾

來自西班牙的甜點，以同樣是西班牙特產的杏仁粉製成的餅乾。西班牙文是「polvorón」，法國則稱為「Boule De Neige」。本書中所有的圓滾滾餅乾都是雪球餅乾。

甘納許

將巧克力和鮮奶油混合而成，有時候也會依照需求做成較硬的質地。通常會用來製作「生巧克力」、「巧克力鮮奶油」等等。在本書中則是加入食用色素，做成漢堡餅乾的番茄、起司片、生菜。

棉花糖

法文中有一個詞彙是「Fondant」，意思是「彷彿要融化般」、「軟到快要化開」的意思。本書中的幽靈棉花糖，使用的技巧為「Marshmallow Fondant」，就是利用棉花糖柔軟的質地特性製作。

糖霜

將糖粉、蛋白、水混合成濃稠的霜狀，用來在餅乾或蛋糕上畫出圖案。本書中只混合糖粉和水，用來當作組裝餅乾糖果屋的「膠水」。

staff

書籍設計	若井夏澄（tri）
攝影	奧川純一
食物造型	鈴木亞希子
插畫	mocha mocha
料理助手	森居 陸
校對	田中美穗
編輯協力	細川潤子
編輯	宇並江里子（KADOKAWA）

台灣廣廈 國際出版集團
Taiwan Mansion International Group

國家圖書館出版品預行編目（CIP）資料

圓滾滾3D立體餅乾：免模具、捏一捏就完成！還有可愛的點心小夥伴們 / mocha mocha著. -- 新北市：臺灣廣廈有聲圖書有限公司, 2024.11
96面 ; 19x26公分 ISBN 978-986-130-641-4(平裝)

1.CST: 點心食譜

427.16   113013847

台灣
廣廈

圓滾滾3D立體餅乾
免模具、捏一捏就完成！還有可愛的點心小夥伴們

作　　　者／mocha mocha	編輯中心執行副總編／蔡沐晨・編輯／許秀妃
譯　　　者／Moku	封面設計／陳沛涓・內頁排版／菩薩蠻數位文化有限公司
	製版・印刷・裝訂／東豪・弼聖・秉成

行企研發中心總監／陳冠蒨　　　線上學習中心總監／陳冠蒨
媒體公關組／陳柔妡　　　　　　企製開發組／江季珊、張哲剛
綜合業務組／何欣穎

發　行　人／江媛珍
法律顧問／第一國際法律事務所 余淑杏律師・北辰著作權事務所 蕭雄淋律師
出　　版／台灣廣廈
發　　行／台灣廣廈有聲圖書有限公司
　　　　　地址：新北市235中和區中山路二段359巷7號2樓
　　　　　電話：（886）2-2225-5777・傳真：（886）2-2225-8052

代理印務・全球總經銷／知遠文化事業有限公司
　　　　　地址：新北市222深坑區北深路三段155巷25號5樓
　　　　　電話：（886）2-2664-8800・傳真：（886）2-2664-8801
郵政劃撥／劃撥帳號：18836722
　　　　　劃撥戶名：知遠文化事業有限公司（※單次購書金額未達1000元，請另付70元郵資。）

■出版日期：2024年11月　　ISBN：978-986-130-641-4
　　　　　　　　　　　　　　版權所有，未經同意不得重製、轉載、翻印。

PUKKURI COOKIE TO KAWAII YAKIGASHI TACHI
©mocha mocha 2021
First published in Japan in 2021 by KADOKAWA CORPORATION, Tokyo.
Complex Chinese translation rights arranged with KADOKAWA CORPORATION, Tokyo through Keio Cultural Enterprise Co., Ltd.